# 广州南沙青少年宫设计

CHILDREN'S PALACE DESIGN OF NANSHA GUANGZHOU

中国建筑西南设计研究院有限公司 主编

中国建筑工业出版社

## 项目概况

　　南沙青少年宫项目位于广州市南沙区凤凰大道，坐落于南沙自贸区门户口岸。在 2017 年国际概念方案竞赛中，中国建筑西南设计研究院有限公司提交的 "海星" 方案获得投标第一名。作为南沙自贸区首个落地的 EPC 项目，由中国建筑西南设计研究院有限公司和中国建筑第三工程局组成的联合体共同建设完成。项目总建筑面积约 5.6 万㎡；建筑地上 5 层，高度 23.9m，地下 1 层；功能包含 900 座儿童剧场、文化交流中心、图书馆、科技互动展厅、报告厅及各类教学培训用房。作为珠三角地区规模最大、设施最全的青少年活动设施，南沙青少年宫建成后将担负港珠澳三地青少年交流中心的职能。

　　"每一个青少年都是父母心中未来的明星，每一个建筑都是参建者日日夜夜用心的坚守。设计者渴望将关爱细微地融入建筑，让儿童在满天星空的照耀下，成为自由遨游的小海星，拥抱欣欣向荣的未来。"

# 序

　　120年前，广东的哲人梁启超先生写下了《少年中国说》。"少年强则国强"的格言激励中国少年和中国人民奋发图强，弃旧图新。

　　2010年，正是在南沙青少年宫项目所在场地旁的南沙体育馆中，凭借22岁小将袁晓超在男子长拳这一武术项目中的优异表现，中国代表队斩获了广州亚运会第一块金牌。

　　习近平总书记说过："少年儿童是祖国的未来，是中华民族的希望。"

　　南沙是国家级新区，是粤港澳大湾区的地理几何中心，这个区域寄托着祖国和人民的希望。青少年宫项目作为南沙区委区政府献给祖国未来的礼物，其设计以海星这一充满希望和儿童亲和力的海洋元素作为建筑母题，内化于功能，外化于形式，实现了空中互通、地面畅通、地下连通的公共建筑无障碍特性，融入了"透风、透水、透景、透绿、透人"的湾区特色"五透"理念。通过前瞻性的策划、创新性的设计和示范性的技术，试图打造"湾区一流、国内领先"的青少年素质教育基地，粤港澳青少年文化交流的重要窗口和平台。

　　南沙青少年宫从策划、规划、设计、建造等多个维度，一体化回应了项目落实"绿色建筑、装配式建造、智慧建筑、精细化建造"等方面的技术问题；同时也是在EPC模式和建筑师负责制等国家新政策下建管模式创新的实践探索。本书编写以建筑师的视角为主，同时涉及了运营方、使用方、规划方、建造方、建设管理方等广泛用户参与的内容，希望对类似的项目提供有益的参考。

王大通

时任南沙开发区（自贸区南沙片区）党工委委员、管委会副主任

现任黄浦区委常委、黄浦区党组副书记、副区长

# 序二

2017年8月的一天，我应邀参加了广州南沙青少年宫的建筑设计方案评审会。在众多征集的设计作品中，中国建筑西南设计研究院有限公司提交的方案脱颖而出，受到了包括建筑、结构、机电、经济等专业评审组成员的一致好评。这一获胜方案归纳起来有以下三个特点。

### 其一，图底因应

南沙青少年宫用地为不规则五边形，方案造型与场地形态相耦合，以五角海星象形呈现，建筑与场地的凸凹之间，既有图底因应，又显适地个性。同时，方案还考虑了与周边建成环境的文脉关系，如与南沙体育馆海螺造型的呼应就很有趣。

### 其二，少即是多

与一般少年宫或校园建筑色调的亮眼活泼相比，南沙青少年宫的设计稍显内敛沉静。建筑立面以大面积白色穿孔板幕墙为主调，慎用附加装饰，形成了素雅恬淡的质感、调性及光影变幻。这种现代感很强的简约体型空间，乍少还多，可反衬出多姿多彩的青少年活动。

### 其三，功能合宜

南沙青少年宫设计有着清晰的空间逻辑。观演、展示、阅览等外向集聚性空间位于基座部分；匍匐其上的"五指"教学单元，分别为相对内向分隔性空间，并在"指端"考虑了排练功用。这种聚散功能的空间组合，既方便使用，又利于管理及保安，且扩展视域，增加了室外环境接触面，为青少年宫建筑设计提供了一种新的空间构成模式。

欣闻中国建筑工业出版社准备将广州南沙青少年宫以设计作品专集形式出版，我以为可喜可贺，遂应邀为此书作序。

常 青
中国科学院院士
同济大学建筑学院教授

辛丑夏日于沪

每一个设计，都是一次相逢，一段旅程。

和南沙青少年宫项目结缘，始于5年前的投标。有机会在大湾区设计一个面向未来的儿童文化设施是一个非常有吸引力的任务。在空旷的珠江之畔，我们创造了一个向心汇聚的原点，由此以放射状的体量与场地设计，统领任务书里的所有功能，以及基地周边混沌的城市现状，赋予整体环境以秩序与意义。这栋建筑实现了我们对于气候应对的构想。在炎热的阳光下我们需要一片遮阴。建筑被架空在空中，下面留出一片广场，形成建筑的入口，或者说多个出入口。活力之都的广州拥有这种空间上的自由与活力，建筑在气质上与这座城市完全贴合。室内曲线流动的中庭，墙面与缤纷光线，热情洋溢又生机勃勃。孩子们穿梭在空间上下，游憩于课堂内外，建筑是一座游乐场，一个梦境花园，一个微缩城市。这样的青少年宫才是属于童年的乐园。

建筑师天马行空的设计无疑带来实施的难度，加之资金与工期并不宽裕，建设过程艰辛不易。青少年宫从草图一步步变为现实，得以顺利落成运营，首先要感谢业主对项目的倾情投入。项目非常成功，建筑流畅的白色形体和海星穿孔板外表，已然成为灯塔一般的城市地标。作为南沙新区的启动项目之一，它的前瞻性设计喻示着新区美好的未来。我们为完成这样的作品感到欣慰和自豪，因为我们坚信，好的建筑不仅仅是功能的机器，更是寄托情感和想象的地方。

刘艺
项目总负责人
中国建筑西南设计研究院有限公司总建筑师

东北角鸟瞰

东南角鸟瞰

东南角入口日景

东南角入口夜景

南侧入口

二层入口

镜廊日景

镜廊夜景

东侧夜景

西侧夜景

教学区门厅

主门厅

主门厅

教学区问询处

海星剧场

多功能排演厅

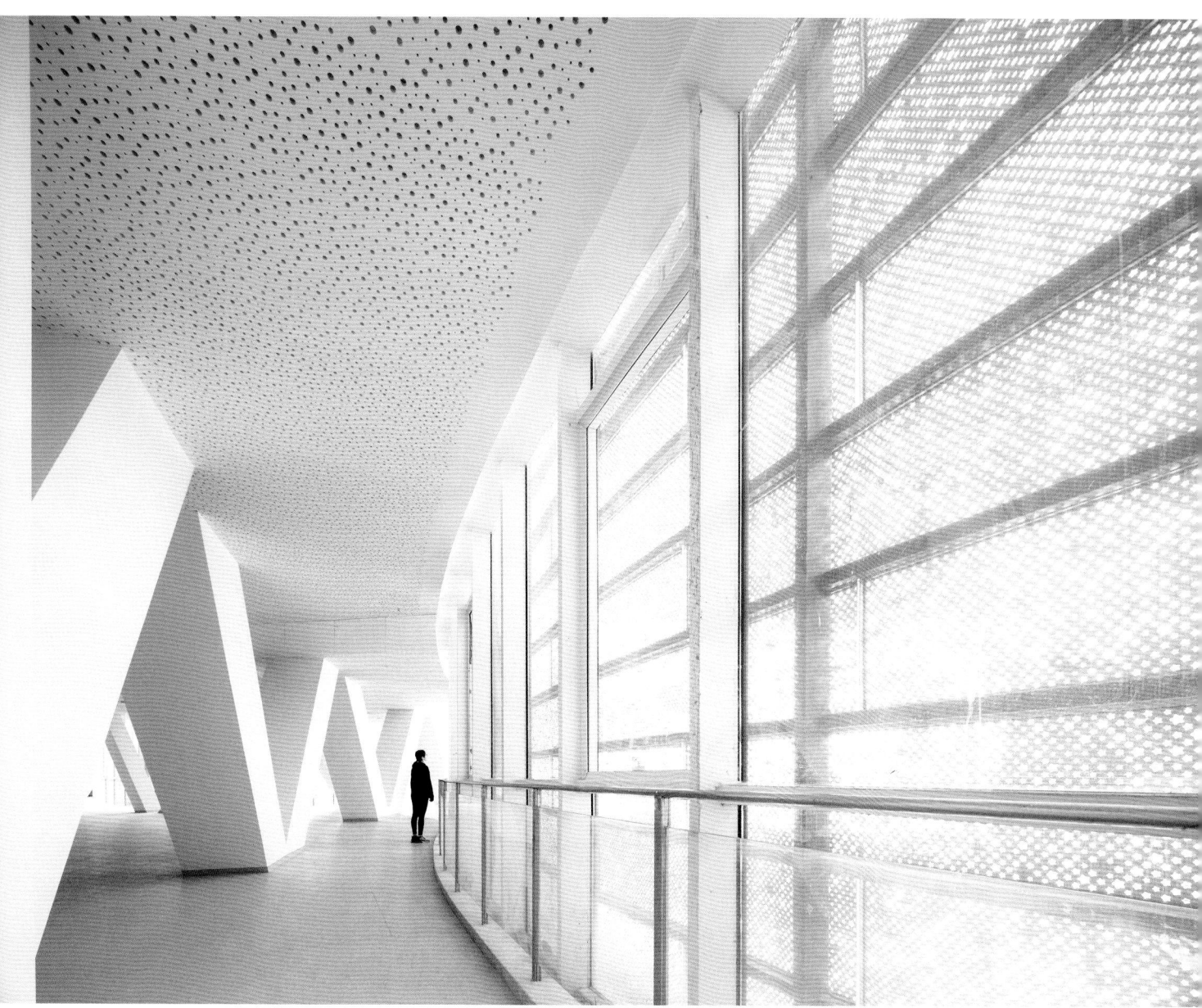

休息平台

多功能排演厅外景

POST-EVELUATION
**3 设 计 回 响**

APPENDIX
**附录**

# 设计回顾 1

# 项目时间轴
Project Timeline

投标阶段　　　　　方案设计　　　　　初步设计

**投标阶段**

南沙青少年宫建筑设计竞赛发布

提交竞赛投标文件

公布竞赛结果，我院优胜

**方案设计**

地下空间与城市道路衔接
消防评估及方案调整
绿色建筑设计星级设计标准
装配式建筑标准及策划
人防设计标准及规模

概念方案确认

**初步设计**

大空间声学方案设计
剧场方案深化设计
幕墙方案优化设计专项
绿色节能方案
装配式单元专项设计
幕墙方案设计
内装主要空间方案设计
反光方案设计
景观方案设计

方案深化

工程初步设计
场地地震安全性评价

| 2017 05 | 2017 08 | 2017 08 | 2017 09 | 2017 10 | 2017 11 | 2017 12 | 2018 01 |

方案报批

修详规报批，五图一书

交付标准定稿

设计管理实施策划书

各专业限额划分确定
交付标准编制完成

建筑景观设计方

专项设计汇报
室内设计
标识设计
室外泛光设计
景观设计

方案报批　　　　　设计定义文件编制　　　　　专项设计条件输入

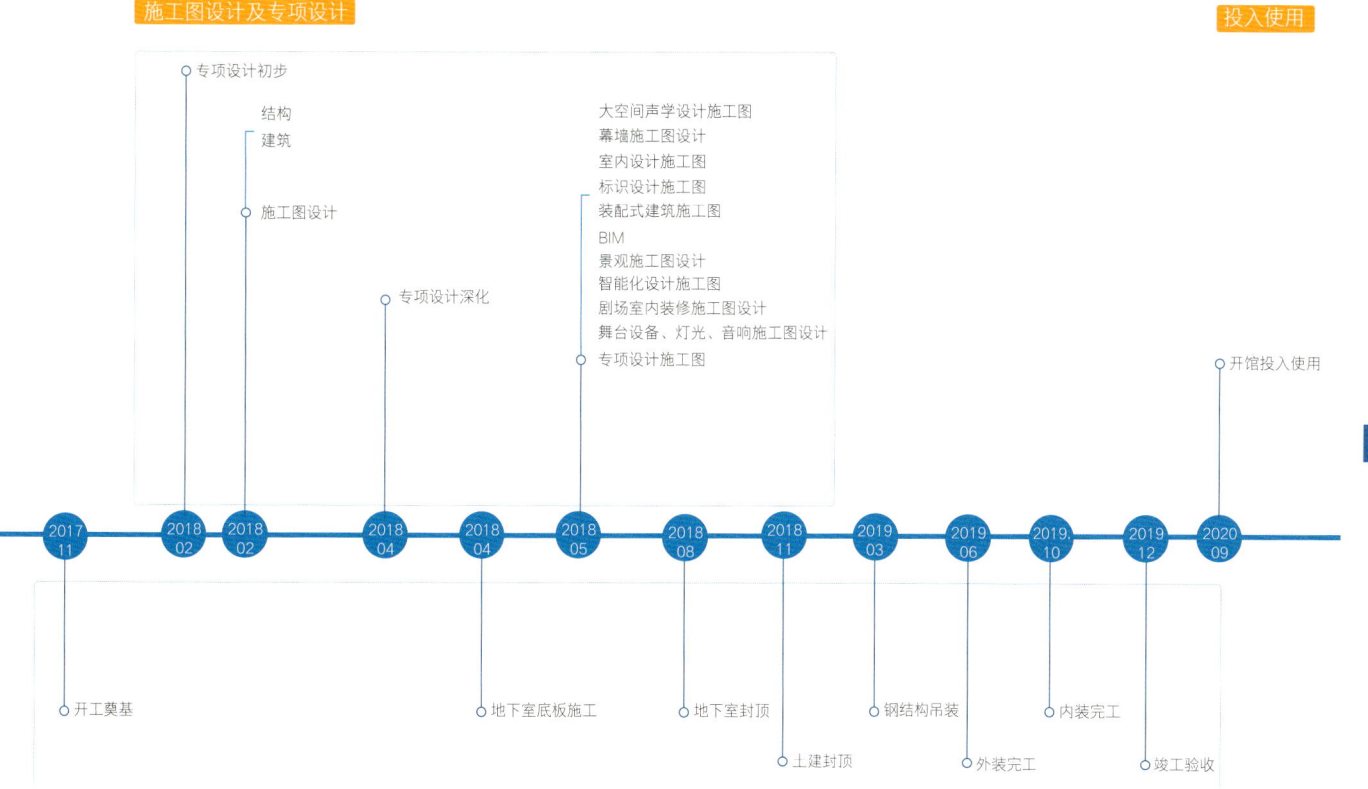

施工图设计及专项设计

投入使用

专项设计初步

结构
建筑

大空间声学设计施工图
幕墙施工图设计
室内设计施工图
标识设计施工图
装配式建筑施工图
BIM
景观施工图设计
智能化设计施工图
剧场室内装修施工图设计
舞台设备、灯光、音响施工图设计
专项设计施工图

施工图设计

专项设计深化

开馆投入使用

2017
11 ── 2018
02 ── 2018
02 ── 2018
04 ── 2018
04 ── 2018
05 ── 2018
08 ── 2018
11 ── 2019
03 ── 2019
06 ── 2019
10 ── 2019
12 ── 2020
09

39

开工奠基

地下室底板施工

地下室封顶

钢结构吊装

内装完工

土建封顶

外装完工

竣工验收

施工

# 建造过程回顾
Review of The Project

▲ 2017 年 11 月，开工奠基

▲ 2018 年 4 月，地下室底板施工

 2019 年 3 月，钢结构吊装

▲ 2019 年 6 月，幕墙完成

▲ 2018年8月，地下室封顶（地上开始施工）

▲ 2019年10月，景观完成

# 投标
The Tender

　　2017 年 6 月，南沙青少年宫项目的投标工作正式启动。在这个设计开始之前，同年 4 月，设计团队刚结束了同样位于南沙新区的灵山岛小学及幼儿园的方案设计与汇报，获得了相关单位的一致好评。在研究式设计的工作方法下，团队一直致力对青少年教学活动空间的分析与研究成果的积累，并顺利运用到了南沙青少年宫的国际竞赛投标当中。

　　能够做延续性的课题，我们这个团队可以说交了好运。不同于刚完成的学校类教育建筑，青少年宫这类建筑没有固定的属性归类，但她却一直存在于我们从小到大的生活当中。她是非固定、非正式的存在，但却是一个因人们对知识日益增多的需求及渴望而诞生的场所。

　　我们在进行灵山岛小学及幼儿园设计时一再思索，教学是否可以不仅限于"课堂"内部，而更多地发生在各个空间、各个场所之间。"非正式教学空间"在这个类型课题中持续探索，从城市中的场所到建筑空间，我们始终在寻找最自然的流动形式。因此在这次的构思之初，我们便确定了要设计的不只是一座建筑，还应当是一个空间丰富、自由、融入城市的场所。

王珏

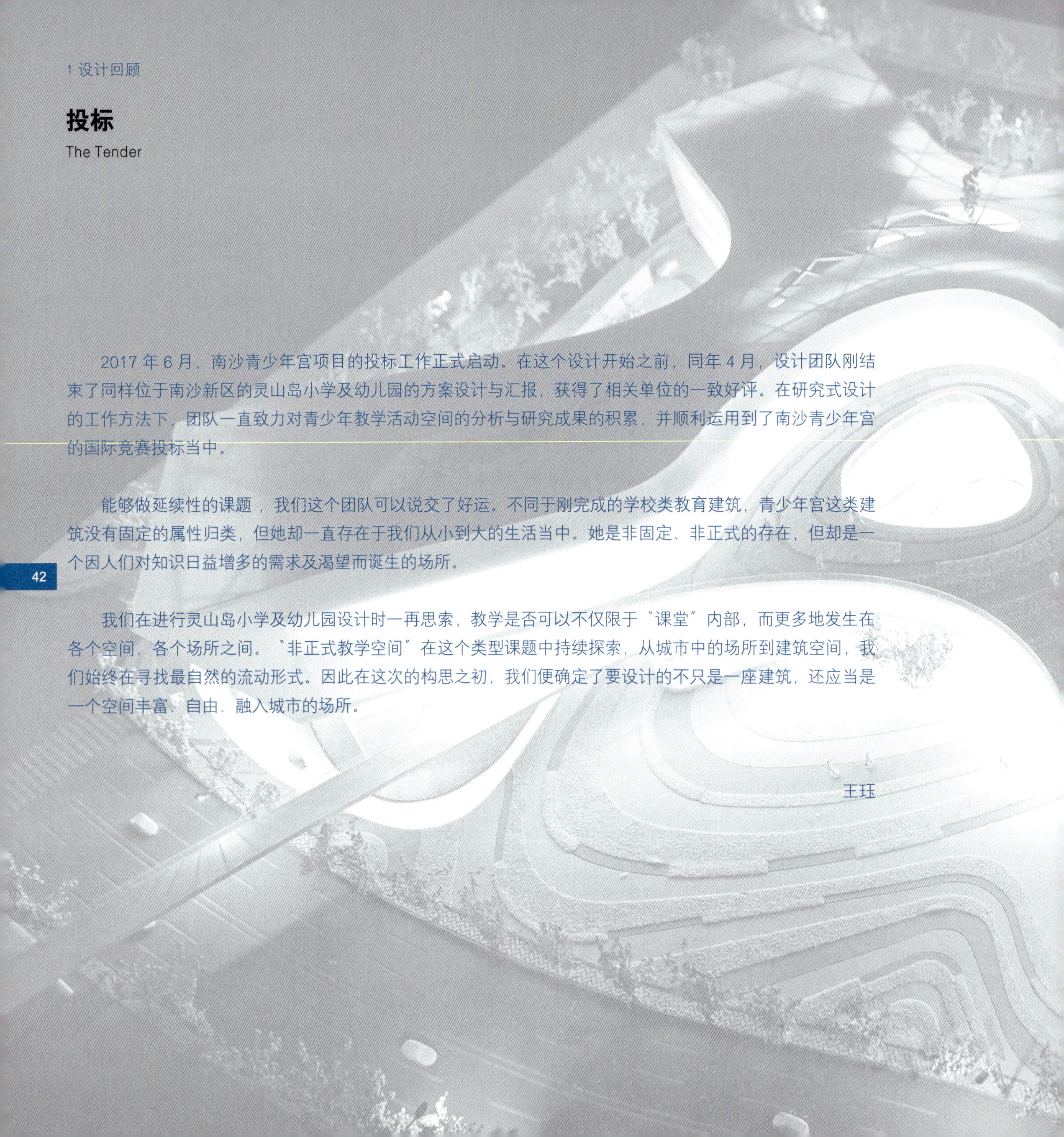

42

# 专家评审

Expert Review

中国科学院院士、同济大学建筑系教授
常青

该方案气氛活泼，动感强，符合青少年宫的气质，且以曲形廊桥与体育馆相通，二者在造型母题和空间关系上有很高的关联性。

北京清华同衡规划设计院总工程师
张险峰

该方案平面设计、造型整体性强，具有标志性。室内外空间一体化设计好，空间层次丰富，可以满足青少年各种学习、培训活动需要。在通风设计、绿色建筑、可持续排水等方面，也有所考虑。

重庆大学建筑环境与设备工程实验研究中心主任
三峡库区水环境安全与生态环境重庆市重点实验室主任
陈金华

该方案采用了雨水收集利用技术，具备良好的通风条件，充分利用太阳能等可再生能源改善建筑环境和节约能源，体现了绿色生态、低碳节能的规划理念。

澳门大学建设办主任
李传义

该方案"海之星"建筑立意较好，整体性强，建筑形体既简洁又富有变化；内部功能组合比较合理，基本满足使用要求，是一个比较可行的方案。

（引自广州南沙重点建设推进办公室编《广州南沙青少年宫建设方案设计竞赛成果汇编》）

竞赛成果专家评审会共邀请了 9 名专家组成了评审委员会,专家评审委员会主任为常青院士,成员包括:张险峰、许懋彦、李传义、冼剑雄、吴一红、陈金华、钟泉和陈荣毅。

"海之星"方案从 25 家境内外设计单位的方案中脱颖而出,成为中标方案,获得了专家评审的一致好评。

DESIGN
01
海之星

中国建筑西南设计研究院有限公司
设计方案(中标方案)

# 初步设计
Primary Design

　　"我们要做减法"，项目总负责人刘艺总风尘仆仆地从成都来到广州办公室，一拿到方案图纸就比对着模型，沉默思考了许久后笃定地说。项目是有着迫切工期要求和投资约束的限额设计，"投标时候恨不得十八般武艺都展现出来，现在到项目落地，更需要在初步设计这个阶段有适当的取舍"。

　　"穿孔的外表皮材料选择很多，石材？高强混凝土？铝板？不锈钢板？"对于外立面材料，虽然投标时考虑的是金属板材，但是在落地阶段，我们仍然思考——广州歌剧院、广州图书馆等文化地标都对材料进行了不同的尝试——如何在金属材质的外表下实现柔和而亲切的建筑气质，需要我们对材料和构造有着更深入的研究。

　　"连接地铁的东南角下沉广场在投标阶段其实是没有的。"初步设计时我们整合了多方的信息，回应当地政府与相关专家们的决策与意见。地铁线路规划最终将体育馆片区的站点设置于青少年宫这样一个新建项目旁边，来促进城市衔接，形成体育＋文化综合片区。

肖凌骁

# 施工图设计
Construction Drawing Design

　　青少年宫项目在 EPC 模式的限额设计要求下，设计方成了工程总包中技术管理的成员方，对施工图工作的要求相较常规项目成倍增加；既要保证造价在各方认可的投资可控范围内，又需要融合深化设计确保设计的可施工性和概念的延续性；加之该项目的工期要求，20 多个专项设计需要在设计总包的协调下同步推进——这对项目团队是个巨大的考验，但也让项目团队对保证项目的最终实施有了更全面的把控度。

　　施工图设计阶段，设计团队还需要跟总包方一起讨论施工组织方案和相关施工措施等如何与设计结合，如：外幕墙在地面安装后分批次吊装，正交网格钢结构的整体顶升施工，有限场地下塔吊布置与结构设计的结合，软基处理与地下室、室外管线的柔性过渡衔接。为了保证工期和效果，甚至需要团队深入不同的加工厂讨论铝板的排产和穿孔数量对进度的影响。此外，由于 EPC 项目的特点，施工图设计阶段设计团队还需要处理先行启动施工的地下室和结构主体等子项的现场质量把控巡场和后期材料的看样定板等工作。

　　可以说，设计团队和总包一起用超常规的毅力和心血去解决施工图如何指导施工的问题，积累了经验，也留下了教训。

王珏

楼梯
H=25.45m

剧场屋面
1F
H=26.5m

机房
H=25.45m

机房

车库出入口

机房
H=25.45m

机房
H=25.45m

机房
H=26.45m

机房
H=24.95m

机房
H=25.45m

天窗

非机动车停车数 361辆
面积：541.71m

4F
H=21.15m

3F
H=15.20m

入口

人行通道

# 施工现场
Construction Drawing Design

不规则的五角星造型、异型曲面幕墙、正交网格空腹钢架结构、千人规模的剧场设计、内装设计、机电管网，这些特殊专项的叠加让这个面积不足 6 万平方米的公共建筑，实施难度陡然增加，每一个专项都变得很复杂。

最担心的事：作为 EPC 设计总包项目，项目要求设计达到绿色建筑三星级标准。项目采用了复杂的钢结构与混凝土结构，包含了各种类型的教学空间，再加上异型的立面造型，以及舞台设备、灯光音响等剧场专项设计 …… 这些内容从深化设计开始已经难度很大。在施工阶段，设计过程中的遗憾如何弥补，如何将这些复杂的设计信息完整地传递至施工团队，这些问题也考验着设计团队后期设计管控的水平。对这些问题的思考促使我们在施工实施过程中，前方管控人员尽职尽责，后方配合设计师精诚团结。最终在设计施工的密切配合下，项目于 2019 年 12 月底竣工。这个过程中设计团队与施工团队既有共同目标，也在相互助力，整个过程让人难忘。

印象最深的事：EPC 团队抢工期。项目需要在 2019 年 5 月 30 日完成建筑外立面的形象工程。整个项目土建难点就在实施钢结构深化和吊装。这个阶段 EPC 团队花了较多时间，晚于之前列出的施工计划。因此业主召开了动员大会，要求 EPC 团队从总包到各专业分包，从施工到设计都必须紧密配合，在规定时间完成外立面的形象工程。那个时候可以感觉到整个 EPC 团队都是精神紧绷，施工紧锣密鼓，设计随时响应现场问题。最终在 1 个多月高强度工作下圆满完成任务，业主也对成果质量表示满意，特向 EPC 各方发了表扬信。

　　被逼最紧的事：在整个工程实施周期内，现场工期压力是非常巨大的，但后期很多材料需要设计师进行样板确认。部分专业分包施工单位因样板准备不足或是需要准备的样板生产周期较长，不能提供设计师所需的确认样板，但施工时间节点临近，需要马上开始动工。这种时间节点，项目各方都会给设计师施压，希望快点确认材料样板。如果影响到施工进度，总包、监理、专业分包都会受到业主批评，这个时候 EPC 团队就会被夹在中间，一方是要考虑项目总体进度，另一方要考虑最终设计效果。在最紧急的时刻，业主甚至要求如果 EPC 不确认样板，整个管理团队都不允许离开工地。经历过这些事，或许下一个 EPC 项目中，作为设计师，我们可以在关注项目施工进度与质量的同时，向总包或专业分包提意见，尽早进行样板准备的统筹，或者在设计阶段就进行材料确认做到未雨绸缪。

刘梦豪

建筑设计 2
ARCHITECTURE DESIGN

# NEW OPPORTUNITY FOR REORGANIZATION OF THE CITY

FREE-FLOWING SPACE TOWARDS THE CITY

## 城市秩序整合的新机会

——面向城市的开放流动空间

54

优秀的建筑是城市的有机组成部分，南沙青少年宫项目是一次在城市新区的已建成区域的规划升级。场地既有原来的城市环境，又要通过项目的建设重塑新的城市秩序。设计需要从城市肌理、尺度、形态、公共空间、连接性、识别性等角度去找寻设计所在的语境，并与之巧妙地对话。这些对话涵盖了不同尺度的考量，是规划、建筑、功能、构造等多个尺度的响应。

Excellent architecture is an integral part of the city, and the Children's Palace project is a planning improvement for the built-up area in the new urban district. It requires the architect to respect the original urban context while finding the new order through the construction of the project. We need to find the multi information of the site, from the aspects of urban texture, scale, form, public space, connectivity, recognition and so on, to communicate with the its environment skillfully. These dialogues cover the consideration of different scales, responding the planning, architecture, function and structure.

# 研究：城市新区大型公共设施的公共性

Subject Research：Publicity of Large Public Facilities in New Urban Area

项目所处的广州市南沙新区，位于广州市最南端，为 1993 年设立的广州城市副中心。截至 2019 年末，全区常住人口 79.61 万人，户籍人口 46.33 万人[1]。作为待开发新区的大型公共建筑，项目设计兼具对现有城市的服务性质和对城市未来发展的包容。针对项目的区位与项目类型，在项目前期，设计团队针对城市新区的公共建筑设计特征进行了研究与案例分析。

## 城市新区与大型公共设施

城市新区的大型公共设施往往因其公共建筑属性而成为城市新区的先行开发项目，而公共设施也有利于提升新区城市形象，激发城市活力。从公共建筑属性来说，建筑容纳了城市新区居民的金融贸易、商业商务、行政管理、文化科技交流、信息发布、物流等公共活动。对于原为村镇、在更新中的城市新片区，片区范围内缺乏配套公建，而导致新迁入居民的公共娱乐活动在新区内无现代化的建筑空间容纳。而公共设施因高标准的建筑质量、功能服务范围广、公共形象展示性强的特性，对于新区居民有独有的吸引力。[2]

从 2007—2019 年南沙青少年宫场地周边城市演变可见，南沙青少年宫及邻近的南沙体育馆作为先行落成项目，带动了区域周边的居住区与商业办公区域的建设，共同形成一片配套完善的活力新区。

## 公共建筑的多样性与公共性

大型公建对于城市活力提升的原因与公共性与多样性密不可分。作为政府引导的服务型机构，大型公建鼓励公众无阻碍、自由地进入与参与公共建筑活动中[2]。不同个体的需求被尊重，于是产生了种类多样化的公共空间。多样空间复合于同一公共建筑之中，不同类型的活动在场所中互相激发，场所的公共性与多样性由此产生。

青少年宫作为青年和少年儿童活动场所，包含了教育培训活动、文化传播展示活动的有组织活动和儿童休闲娱乐的自发性活动。在这种多样复合型的功能驱动下，青少年宫对活动的包容体现了开放包容的公民价值取向，成为真正受欢迎的"公共性"建筑。

## 公共建筑的公共性实践

雷姆·库哈斯在法国国家图书馆的设计中写道，"在方形体块中，公共空间被定义成建筑的缺失，这种虚空从信息化实体中挖凿出来"。[3]公共建筑的公共性通过对流线、功能、立面等分散元素的设计转换成虚实之间的考量。在方案阶段的案例研究中，团队对郑州郑东新区城市规划展览馆、北京市新少年宫、深圳南山文化中心方案等项目进行了公共空间分析。在郑州郑东新区城市规划展览馆的设计中，封闭式的展览被墙体的包裹而固化，公共性的漫步因为开放而虚空。[3]北京市新少年宫中，各个教学空间组成 5 个实体的教学单元，并在一层由与室外空间连通的大厅连接起来。连接各部分的大厅因自然渗透而虚空；4 个直通室外的大玻璃圆筒，直接把阳光引入室内。深圳南山文化中心方案中，大尺度的固定活动空间布

56

2007—2019 年场地周边城市演变（图片来源：谷歌地图）

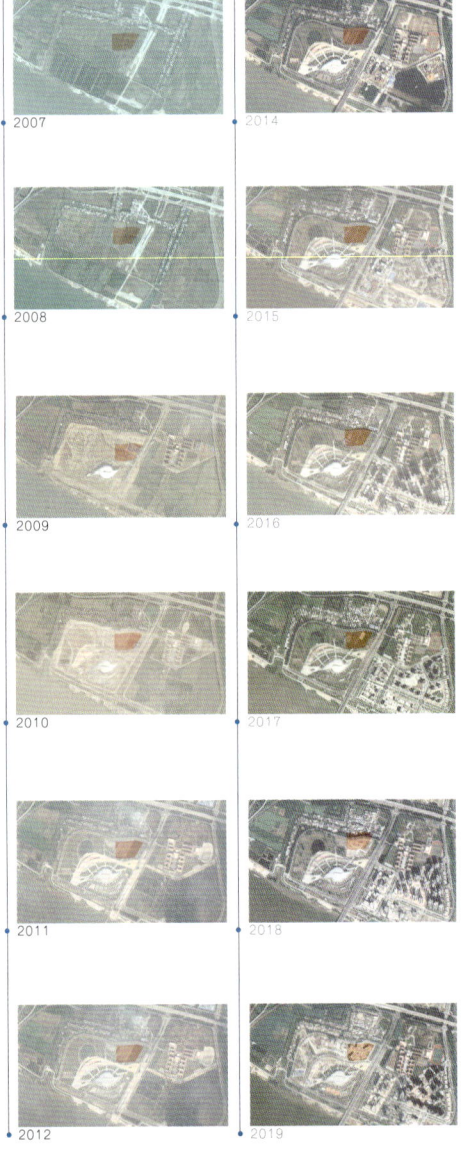

2007　2014
2008　2015
2009　2016
2010　2017
2011　2018
2012　2019

置在端部实体内；各实体中间通过顶棚连接，顶棚下的广场为附近社区提供了丰富的公共活动场所与框景空间，形成连接实体与自然的过渡虚空间。

在这些案例中，虚实部分互相蚕食又相互依存。在后续的方案设计中不断地平衡二者，以寻求一种均衡的并置，使得建筑既能在城市中获得最大化的展示与公众空间体验，又可充分满足功能使用需求。

[1]2019 年广州南沙国民经济和社会发展统计报告 [R]. 2020.

[2] 高庆辉. 结构的关联——中国城市新区与大型公共设施形态研究 [D]. 南京：东南大学，2006.

[3] 张雷，郭东海. 公共建筑的公共性实践——郑州郑东新区城市规划展览馆设计 [J]. 建筑学报，2011(3):18-25.

郑州郑东新区城市规划展览馆（图片来源：互联网 https://oss.gooood.cn/uploads/2019/05/019-zhengdong-district-urban-planning-exhibition-hall-in-zhengzhou-china-by-azl-architects.jpg）

北京市新少年宫（图片来源：黄薇. 北京市新少年宫，北京，中国 [J]. 世界建筑，2007(11):120-123.）

深圳南山文化中心（图片来源：互联网 https://img0.baidu.com/it/u=554819814,340982448&fm=26&fmt=auto&gp=0.jpg）

# 缝合城市肌理

Connection of City Texture

## 自然生长的城市新区

南沙青少年宫占地 3 万平方米，原本为广州南沙体育馆室外场地的一部分。该体育馆作为 2010 年广州亚运会武术比赛的主赛场，在当时承载着重大的社会使命。然而，随着新区的发展，赛事的举办频率变化，体育馆实际又承载了政府办公以及青少年活动培训等一系列功能。

从土地属性到建筑功能，一个新区的公共建筑展示着该区域发展变化的有趣现象。而身处快速发展的南沙新区，原依附设置在体育馆内的青少年活动中心已远不能满足区域人群的需求，南沙青少年宫这样一个基础公共设施也是在这样的背景下应运而生。

## 项目概况

南沙青少年宫项目位于广州市南沙区凤凰大道，坐落于南沙自贸区门户口岸。在 2017 年国际概念方案竞赛中，我公司提交的"海星"方案获得投标第一名。作为南沙自贸区首个落地的 EPC 项目，由我公司和中国建筑第三工程局组成的联合体共同建设完成。项目总建筑面积 5.6 万平方米，总投资约 5.5 亿元。建筑地上 5 层，高度 23.9 米，地下 1 层；功能包含 1000 座儿童剧场、文化交流中心、图书馆、科技互动展厅、报告厅以及各类教学培训用房。作为当时珠三角地区规模最大、设施最全的青少年文化中心，南沙青少年宫建成后将担负港珠澳三地青少年交流中心的职能。

## 开放包容的场地策略

青少年宫东侧的凤凰大道是这个片区通往规划建设中的明珠湾核心区的主要途径；而除体育馆外，周边的城市肌理尚未成型。如何应对空旷的环境，是处理建筑与场地关系的出发点。

南侧的南沙体育馆，在周边环境中建立起一个秩序展开的锚点，也是这个片区醒目的地标。一个以南沙体育馆为几何中心构筑的城市空间隐约地统领着这个片区。随着城市的发展建设，城市对这个新区提出了更多的功能需求，功能转变的不仅是青少年宫用地，周边地块亦规划了住宅、商业、公园等功能，片区的丰富度与聚集感将随着配套功能的建设得到进一步提升。城市形态层面上，青少年宫总体规划尊重体育馆的向心秩序，同时与北侧城市公园形成良好衔接，以更加开放包容的姿态缝合城市新旧肌理和空间秩序，它是功能上的缝合补充，亦是形态上的衔接共生。

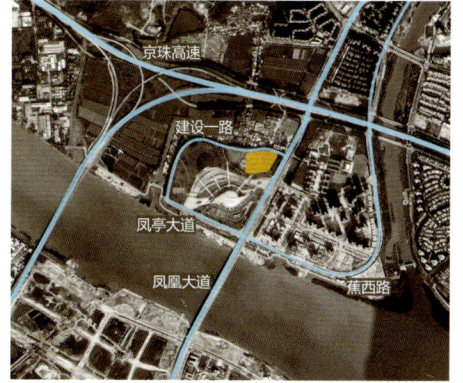

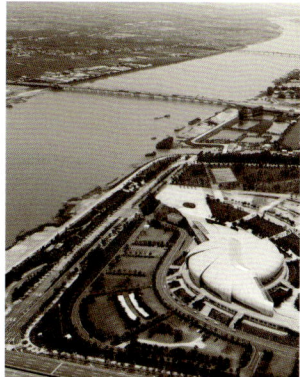

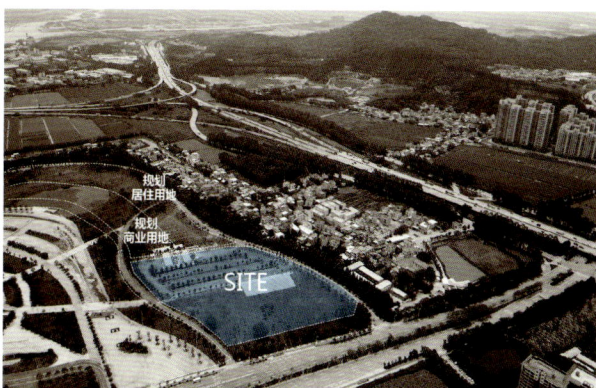

京珠高速
建设一路
凤亭大道
凤凰大道
蕉西路

规划
居住用地
规划
商业用地
SITE

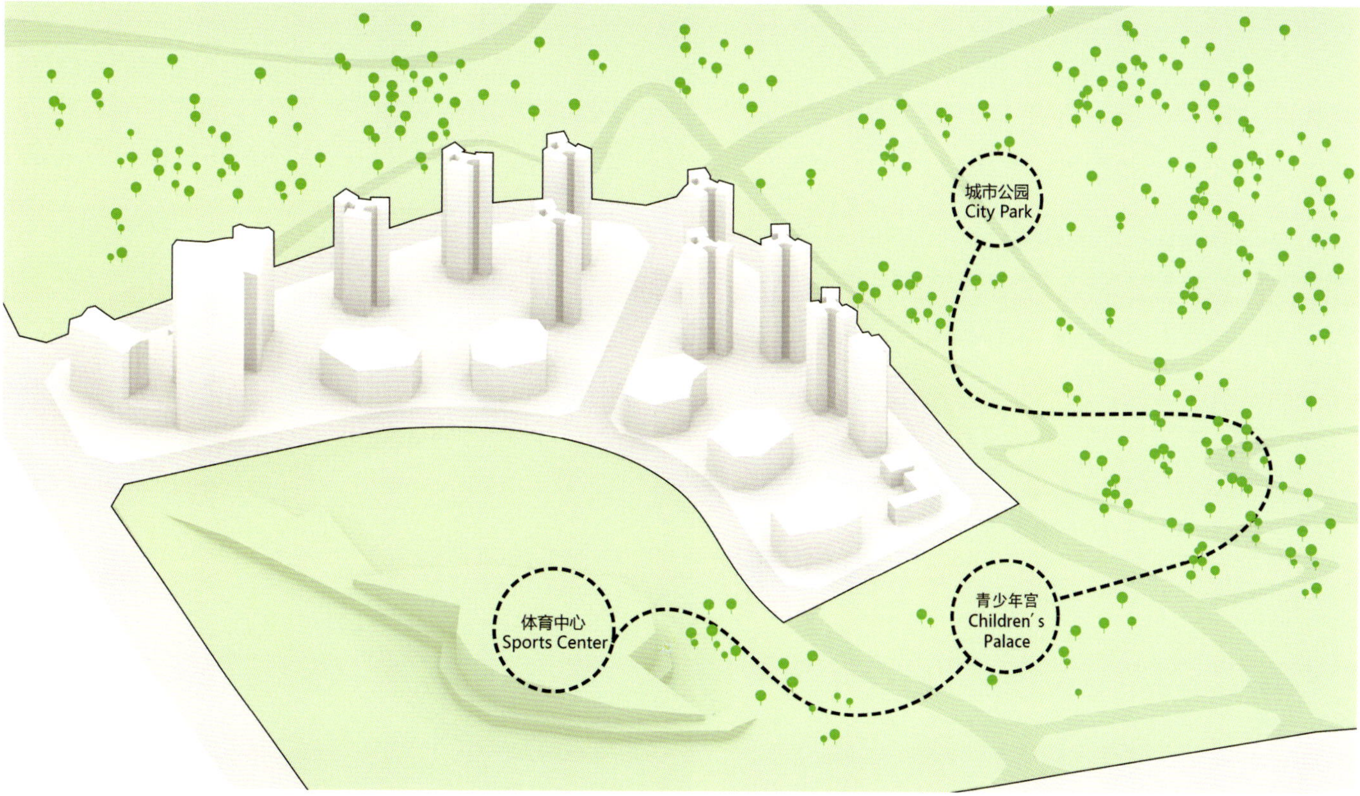
城市公园
City Park
青少年宫
Children′s
Palace
体育中心
Sports Center

# "海星"与"海螺"的呼应

Inspiration from Sea Star and Pearly Nautilus

南沙是一个滨海的新区，有着浓厚的海洋文化，已经建成的体育馆被当地人亲切地称为"海螺"。青少年宫设计时，结合青少年的认知心理，设计团队选用了"海星"这一构型，希望以海洋文化为主题，与相邻的体育馆呼应。

与体育馆向心型的空间逻辑相仿的同时，"海星"舒展的五指状形态有机地整合了不规则的用地边界，形成多个各具特色的庭院，同时也将展示建筑内部丰富多彩的活动场景。这与我们最开始关于缝合城市肌理的想法高度契合，使得建筑能以非常开放的姿态与城市对话，这也与设计者对青少年宫这一更加公民化的建筑类型在城市中的定位相吻合。

"海螺"的边界是清晰的，而"海星"的边界是模糊的。"海螺"希望聚是一团火，"海星"则希望散是满天星。体育建筑强调竞技的夺冠，教育建筑更希望展现知识的传播和发散。

# 与城市建立连接

Connect with the City

形体生成过程 ▶

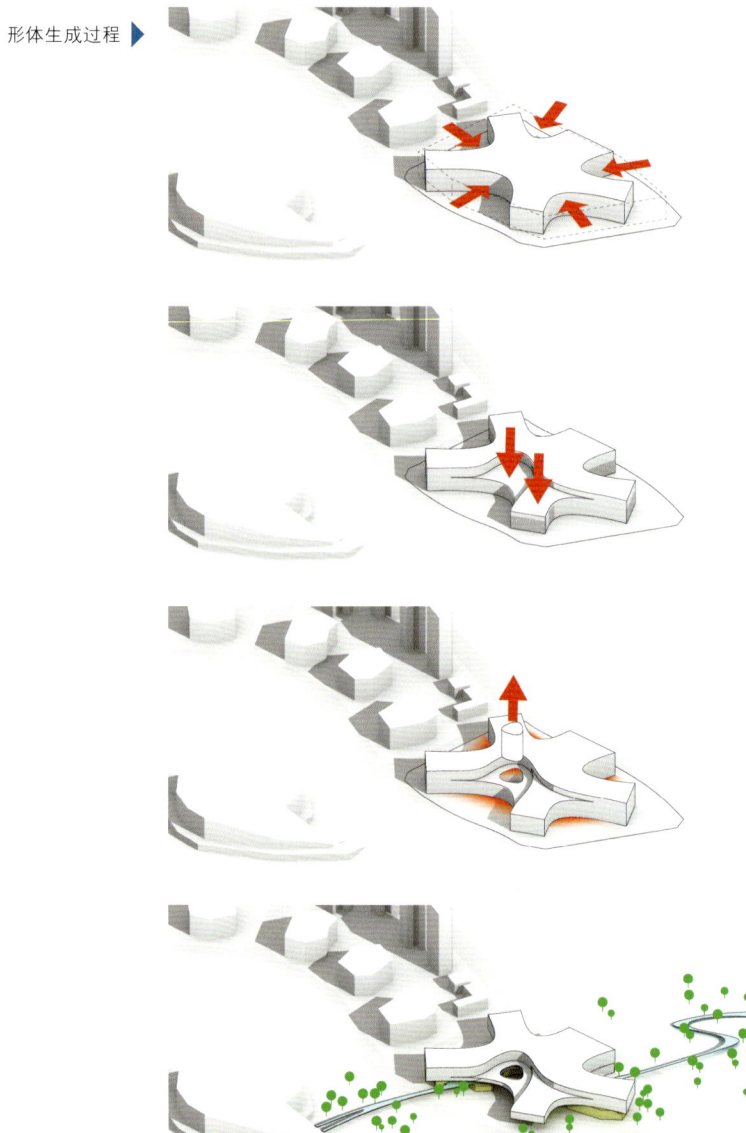

如何建立与城市的连接，是设计公共建筑时设计师必须思索的问题。我们希望利用这个项目的契机，让城市与环境之间产生更好的化学反应。平面构型的收放，使得城市空间更为自然地渗透进场地。无论是商业空间的延续、公园路径的穿插，还是体育馆人群与青少年宫的互动，海星状的布局使得这些都成为可能。接下来设计师需要做的只是用不同的空间手法来提升这些连接空间。

空间形态方面，设计选择了具有多个方向性的平面构型，配合起伏的屋面，局部倾斜的立面和相互交织的形体，希望从形态上与城市建立丰富的关系。

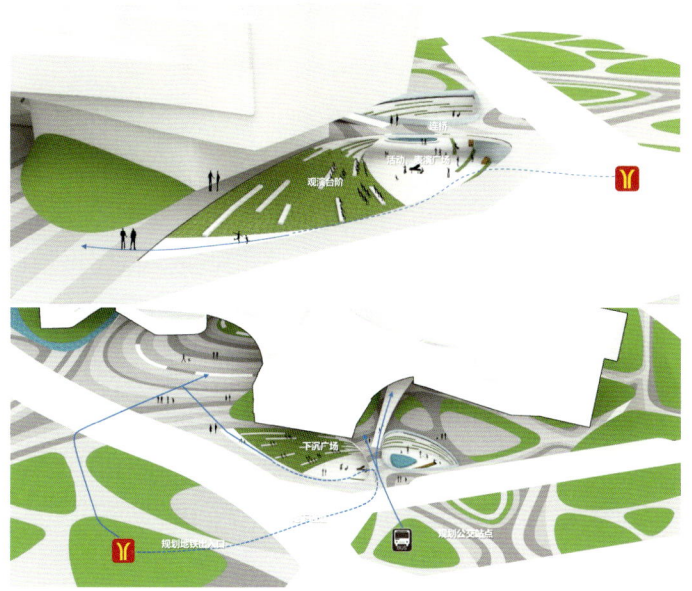

▲ 下沉广场设计

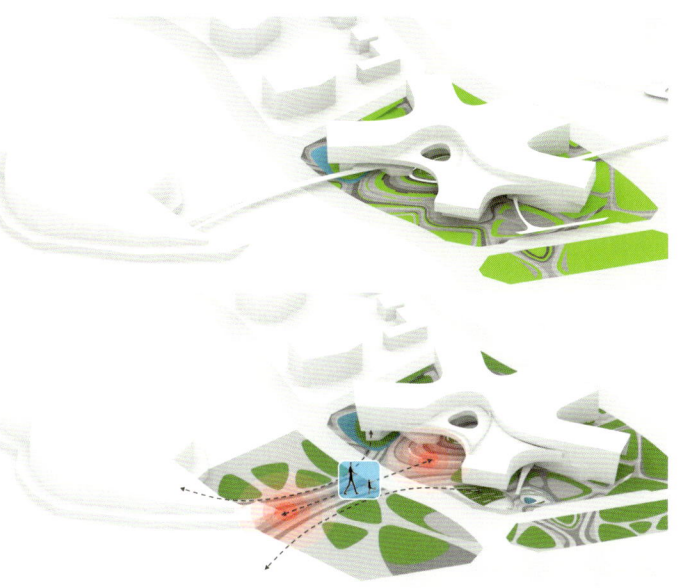

▲ 交通组织

交通动线方面，通过设计多个缓坡平台、室外楼梯、旋转楼梯将周边的地铁、公交、步行等不同流线连通，强化建筑与周边区域的联系，建立城市与建筑的联系。

功能策划方面，设计将相对私密的教育功能抬升到三层以上，将更具公共性的展厅、图书馆、艺术商店等放置在首层，并通过形体的切割给予它们尽可能大的城市交界面。

伴随着形体的进退，设计通过架空的中央广场和内凹的庭院空间形成多个对城市公共生活开放的过渡区域。这些区域从不同的维度联系着建筑与城市功能，也从不同的高度与城市互动。

# 对话城市的五个窗口

Five Connectors for Joinning the City

为了回应不规则的场地，设计除了利用开放空间外，也希望积极利用自身形体与城市对话。"海星"的五个指端用不同的方式配合特定的功能成为对话城市的窗口。

建筑北侧是未来的城市公园。设计结合地形选择了体量最大、面宽最长的北侧立面与开敞的城市空间对话。宽阔的立面如同一个巨大的窗帘，随时准备拉开这个城市舞台表演的序幕。

西北、西南两个指端对应的是较窄的城市道路及较为丰富的城市空间。设计以尺度相宜的两个教学功能指端，加以不同程度的体量削减，对话城市。同时，西南指端海洋科技展厅面朝开阔的体育馆广场，设计在此指端五层设置模型平台区，公众在平台可眺望远处的江与海。

东南指端内部是开敞的弹性交流空间及舞蹈教学空间，为了与体育馆前广场及城市干道形成协调的对话，该窗口以城市巨幕的姿态呈现，立面加以倾斜，营造出观影般的空间体验。

东北指端内部为通高的排演厅堂，这里是从城区进入新区的必经之处，作为城市干道的第一个对话窗口。设计以城市为背景，以空间为舞台，将青少年宫内才华横溢的青春作最纯真的展示。

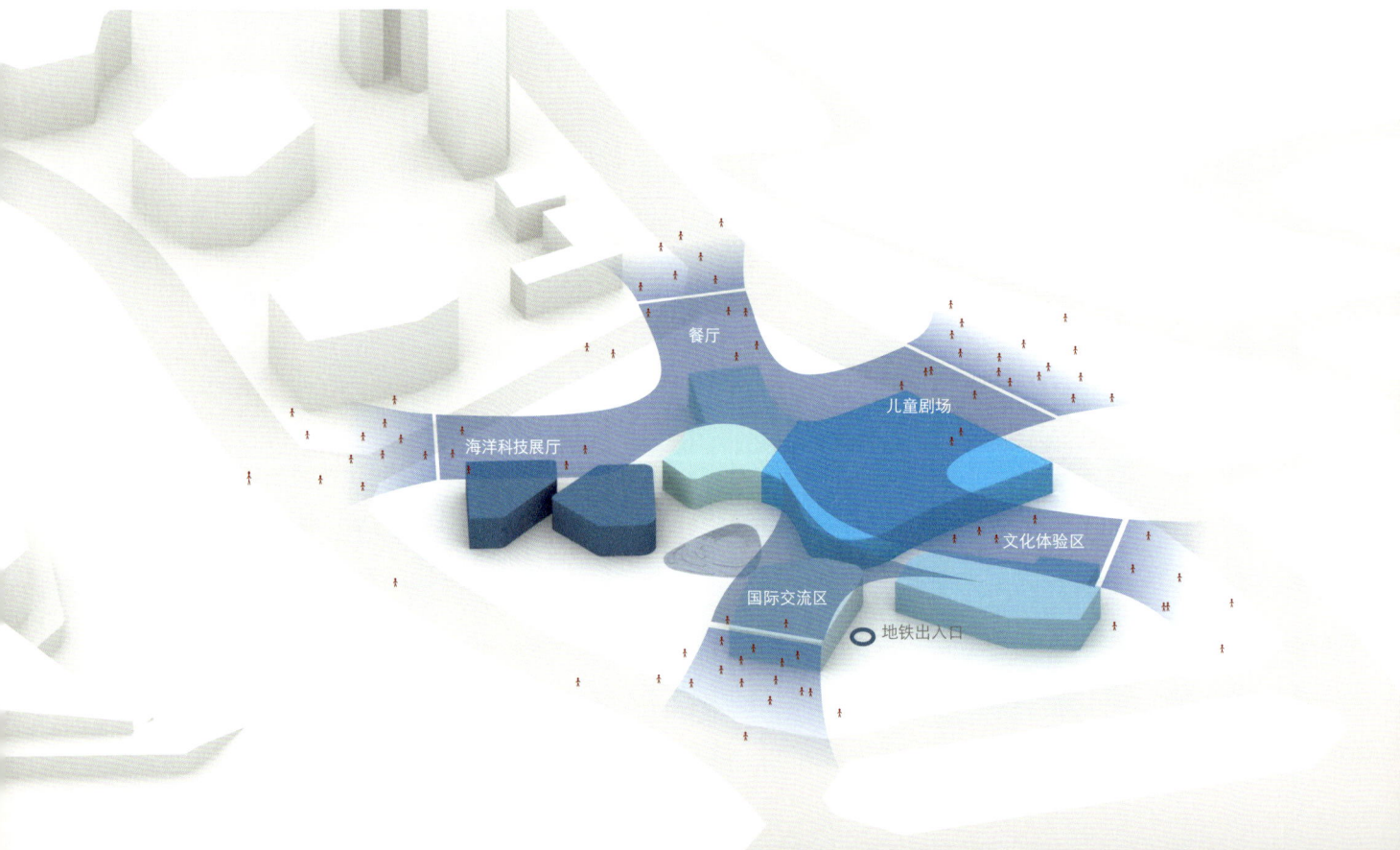

餐厅

儿童剧场

海洋科技展厅

文化体验区

国际交流区

地铁出入口

# 具有识别性的各向立面

Unique Design of Each Facades

对话城市的不同方式，需要通过各具特色的立面处理现实。若驱车来到青少年宫，首先在一片密林之上看到一道洁白起伏的建筑天际线。而临近建筑时，东北端的多功能排演厅便出现在人们面前，向城市展示着这座建筑的活力。

逐渐步入青少年宫场地，会发现在统一柔和的金属立面下部，是活泼丰富、各具特色的建筑空间——图书馆、剧场、文化展示区。对应不同的建筑功能，设计团队分别采用了GRC、玻璃幕墙、陶板幕墙。这些立面材料，挑动着人们的观感。

青少年宫的五个指端都具有独特识别性，东北的城市窗口呈现完整的内部空间。与之相反的是东南指端全金属幕墙包裹下的立面，漫天繁星的穿孔金属板，以一种绝佳的静谧烘托出了整个主入口天际线。城市广场的活跃氛围，也为城市投影提供了观影可能。当你环顾场地四周，你会发现西南、西北两侧指端尺度相似却不乏微妙变化，而这两个指端的相似处理也是考虑到其内部均为相对需要安静环境的办公、棋类教室、陶艺教室、书法教室的功能。最后步行至场地北侧，你会被这建筑中最大的一个立面所吸引，这是最初看到天际线起舞的地方，彩釉玻璃整齐排布，如剧场开幕的光影，掀开一场盛大的演出。

上部形体：统一柔和
端部立面：结合功能，各具特色

下部表情：丰富活泼

▲ 西南立面

▲ 西北立面

▲ 东南立面

▲ 东北立面

▲ 北立面

# 内聚性的城市广场
## Cohesive Urban Square

为了使人们可以便利地穿行于商业、居住、公园、体育馆等空间，青少年宫在建筑首层"消失不见"。五指间形成各具特色的室外景观活动场地，彼此又通过开放的底层架空区域相互联通：航模水池、室外剧院、绿化山丘、下沉广场……多样化的室外活动场地如宝石项链般串联，将新区周边过于疏离的城市尺度转换为儿童活动的尺度。网络状的步行动线将多个来向的人流引入并汇聚到一个有顶的半室外广场，实现建筑空间与城市空间的交融。

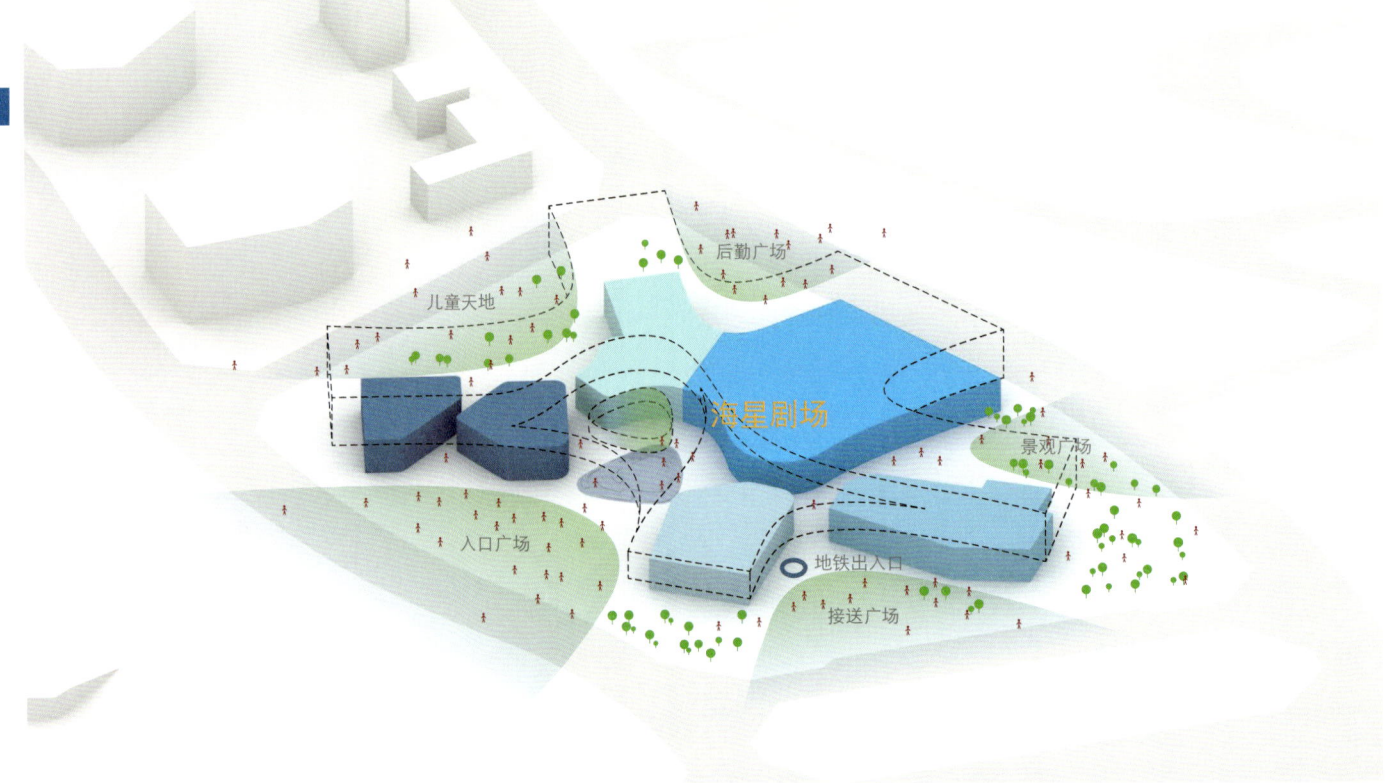

▲ 多彩镜廊

▲ 儿童天地　　　　　　　　　　▲ 景观广场　　　　　　　　　　▲ 下沉广场　　　　　　　　　　▲ 后勤广场

# NEW INTERPRETATION OF LINGNAN GREATER BAY AREA CULTURE

MODERN ARCHITECTURAL EXPRESSION OF MARINE CULTURE

## 岭南湾区文化的新诠释

——海洋文化的现代建筑表现

文化性是文化建筑不能回避的问题。本青少年宫项目的文化性，体现在无处不在的与海洋文化的呼应，符合儿童身心特征的建筑色彩和材质肌理，以及主题空间场景。海洋文化和岭南建筑二者同源于地域性，但是表达为现代和传统形态的文化属性需要在粤港澳大湾区这一文化语境下统一。

Culture is an unavoidable issue in cultural architecture. The culture nature of the children's palace is reflected in the echo of ubiquitous marine culture, the response of children's architectural color and texture, and the simulation of the theme space. Marine culture and Lingnan architecture are rooted to the region, while these two different cultural attributes expressing as modern and traditional forms need to be unified in the cultural context of Greater Bay Area.

# 研究：岭南建筑的传承与创新

Subject Research: The Inheritance of The Southern China Architectures

满洲窗

立面遮阳系统

1

骑楼

地面架空层

2

天井

半开放中庭

3

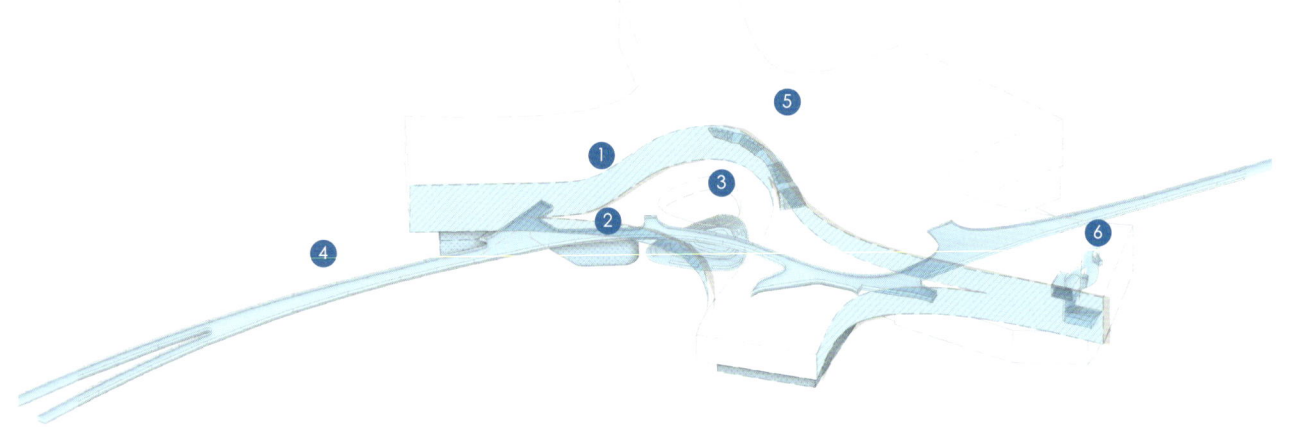

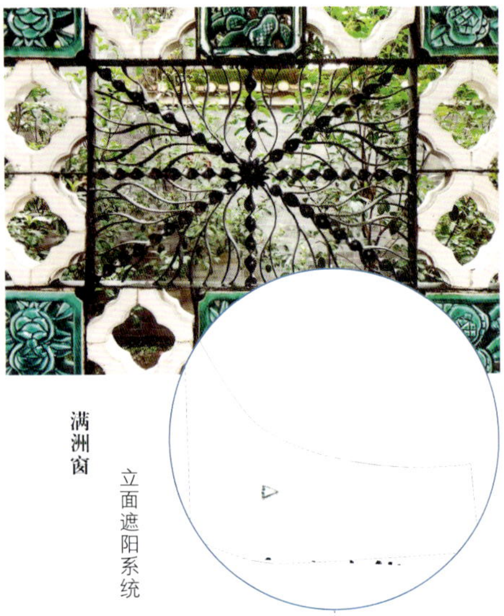

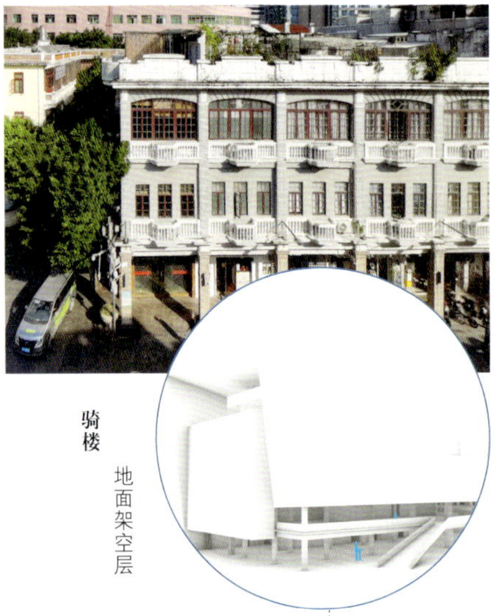

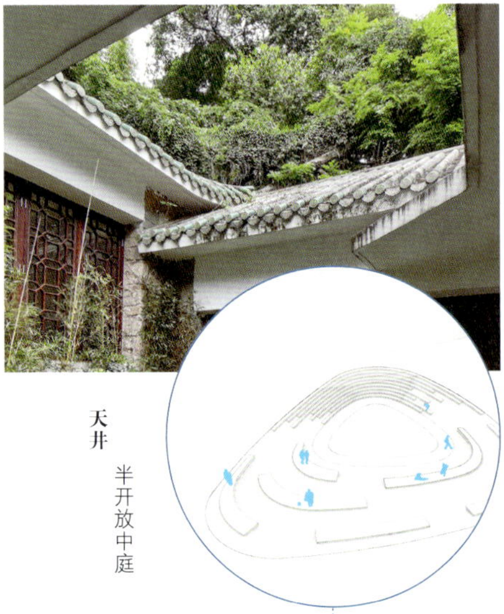

　　"一方水土养一方人"。设计试图以空间为媒介，引起使用者对岭南地域文化的历史联想，以增强青少年儿童对本土文化的认同感。传统岭南建筑中具有多种地域性的空间原型：兼具装饰与遮阳功能的满洲窗、街道上遮蔽风雨的骑楼、具有拔风效果的内天井等；亦有许多传统园林的要素：两侧通透的曲廊、顺应山势的山道石梯、兼具休憩乘凉与赏景作用的凉亭与阳台等。设计在公共空间中引入传统岭南建筑元素，创造了丰富多样的游览体验，为使用者提供了寻找传统文化渊源的场所，同时借用了历经使用检验的应对炎热气候的绿色节能设计方式，结合现代构造材料做法，打造了具有创新性的岭南建筑。

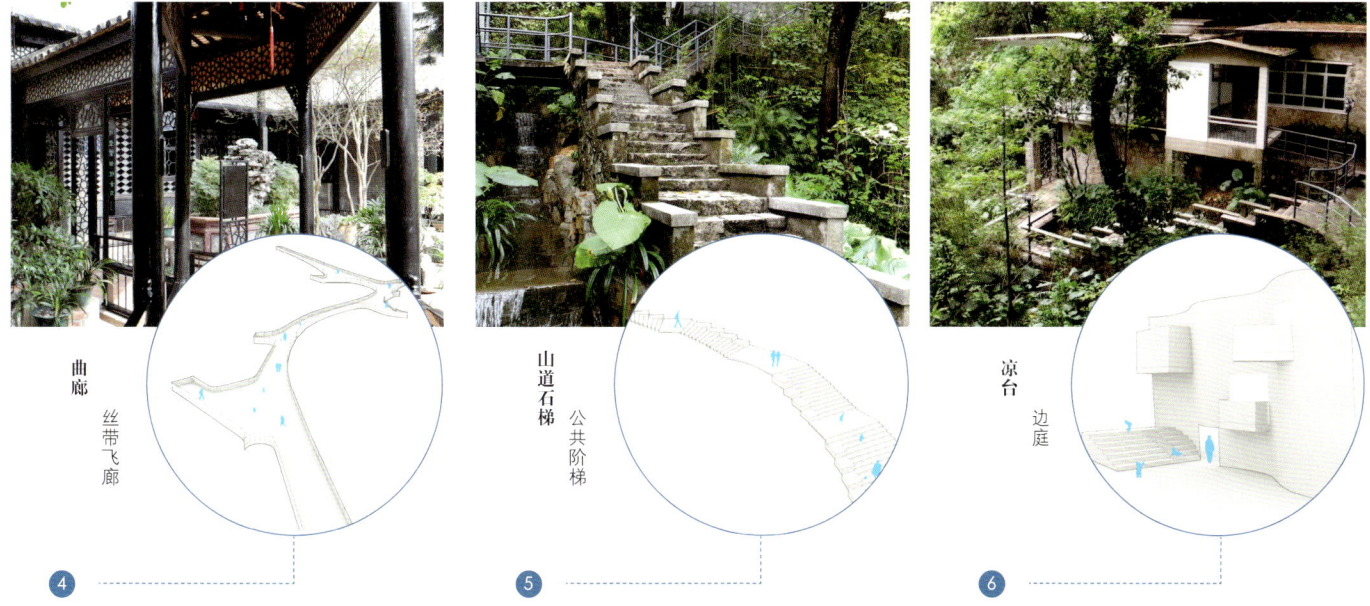

曲廊　丝带飞廊

山道石梯　公共阶梯

凉台　边庭

4

5

6

# 海星造型——从构型到细节

Design Concept from the Sea Star

南沙地处珠江出海口，是广州市唯一的出海通道。海洋文化作为南沙地区有别于广州其他城区的地域特性，在城市及建筑设计当中需要体现与回应。南沙青少年宫的设计除了延续岭南建筑一贯的对于通风、隔热、防潮等气候条件的回应以外，从文化性层面上，也特别注重对海洋文化的表达，这种对海洋文化的表达，从建筑造型、立面表皮纹样，到家具及灯具的选型，贯彻始终，在不同尺度上共奏回响。

设计概念

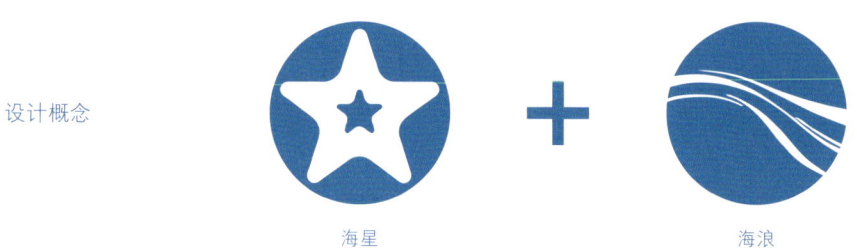

海星 ＋ 海浪

### 建筑造型

建筑造型以海洋文化为设计主题。设计团队凝练出海洋柔和、包容而又富动感的神韵形态，注入童真活泼的海星元素作为建筑空间的灵魂，使空间既具趣味性又自由开放。

### 立面海星状穿孔板

立面的穿孔板材延续了海星的主题，选用了三种尺寸的海星进行排布组合，使立面远看具有鱼鳞般的效果，近看却又有丰富的表情变化。阳光穿过这些星状的空洞，在室内落下饶有趣味的星状光斑。制作穿孔板切割剩余的〝星星〞，在原来的设计中被考虑作为室外地面的装饰骨料使用，无奈实施方案并未体现。后来我们把这些〝星星〞收集起来，把它们制作成徽章，希望作为送给前来学习的小朋友们一份特别的礼物。

### 家具与泛光

设计团队对于室内重要公共空间的家具也进行了设计和选型把控，三层信息导览台与地面的铺地形态共同组合成了南沙青少年宫的海星 logo；室外庭园的休息座椅与庭园设计有机结合，选用了海星造型的坐凳。泛光设计方面，室内灯具的选型呼应了海峡门厅及鱼群巡游等主题空间；在外立面的泛光设计中也增加了流星灯。夜幕降临时，闪烁流动的光影彰显着青少年宫的海洋特性。

▲ 造型

▲ 穿孔板

▲ 家具

▲ 灯饰

# 色彩原则
The Colours

建筑的色彩控制方面呼应海洋文化的表达，从沙滩、海洋、岩貌中抽取出色系运用到室内空间之中。由于少年儿童的服装色彩一般以饱和度较高、较为明快的色彩为主，青少年宫室内的公共区域采用比较冷静的沙滩色系（暖灰）作为控制底色，以营造一个明快安静的教学氛围。在南沙青少年宫的设计中，设计团队为青少年儿童的教学成果展示提供了大量展览空间，以较为素雅的色彩作为基调也将有利于教学成果的呈现。建筑以留白的姿态，让少年儿童能够成为这个空间中最亮丽的色彩。

另一方面，考虑到青少年儿童对于空间与色彩的感知，在向心性的五指空间布局中，设计以色彩作为空间导向的主要元素，以海洋、岩石色系作为主要区域识别色，增加五个指端空间的区分度。

儿童在南沙青少年宫当中活动，仿佛海洋生物在海洋中自由遨游，建筑自身也成为宣传海洋文化教学的教具。

BEACH
沙滩色系
····································
控制底色

R:249　　　　R:236　　　　R:204　　　　R:217
G:249　　　　G:235　　　　G:204　　　　G:209
B:249　　　　B:233　　　　B:202　　　　B:189

OCEAN
海洋色系
····································
区域识别色

R:129　　　　R:155　　　　R:120　　　　R:86
G:192　　　　G:192　　　　G:173　　　　G:143
B:199　　　　B:190　　　　B:215　　　　B:192

ROCK
岩貌色系
····································
区域识别色

R:210　　　　R:222　　　　R:243　　　　R:203
G:191　　　　G:176　　　　G:161　　　　G:87
B:135　　　　B:111　　　　B:78　　　　B:23

# 材质肌理
## Texture Inspiration from Nature

儿童对空间的认知并不局限于形状色彩等视觉表达，他们运用五感（视觉、听觉、触觉、嗅觉和味觉）去感知和探索周遭的环境。从这个意义上来说，少年儿童群体比成年人更为敏感。

我们珍视少年儿童这种敏感的天性，在材质肌理的选择方面也向大自然、向海洋学习，获得设计的语汇。

从波涛汹涌的大海中，提取出自由的曲线，以表达空间的轻盈与灵动；从海生动物的序列排布中提取点状阵列的特征，又从海边的岩石抽象出层层叠叠的肌理特征，使建筑可观、可触、可感。

青少年儿童这一特殊群体的使用需求及安全性在设计中也被放在同样重要的位置考量。室内以木质材料、橡胶地面作为主要公共空间的装饰材料，提供一个安全舒适的活动环境。

海浪
WAVE

贝壳
SEASHELL

岩石
ROCK

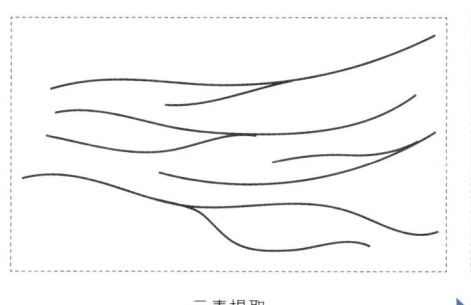

元素提取

▶

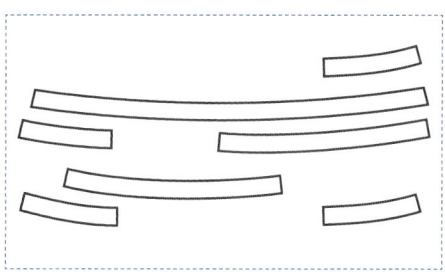

自由曲线

▶

设计运用

元素提取

▶

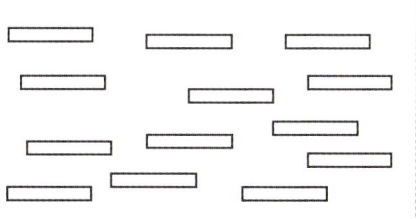

序列排列

▶

设计运用

元素提取

▶

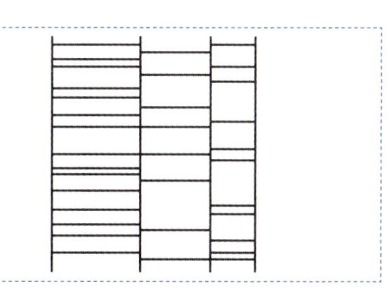

层叠肌理

▶

设计运用

# 主题空间

The Topic Spaces

海洋场景的模拟是对海洋相关记忆的重现，构成了南沙青少年宫公共空间的设计主题。

## 鱼群巡游（入口门厅）

入口门厅是大量人流聚集的场所。设计以鱼群巡游为主题，地面提取海浪流动的元素，从室外延伸到室内，从沙滩色系过渡到海洋色系，以营造出从陆地走入海洋的感受。大厅流线型的灯具及橡胶地面图案的划分同时作为人流方向的视觉指引。

## 海星剧场（儿童剧场）

青少年宫海星剧场最多可容纳约 1000 名观众。作为青少年宫中容量最大的空间，整个观众厅旨在营造出孩童倚坐温暖沙滩上，沐浴璀璨星光，观赏一幕幕色彩斑斓剧目的场景。地面及座椅选用了沙滩色系的材质；GRC 的吸声面兼顾声学和美学需求，声学穿孔的处理既像夜空中璀璨的繁星又似海洋生物的腮腺。耳光、面光、追光灯等灯光设备的量身布置为剧场表演进一步烘托出梦幻缤纷的舞台效果。

## 海峡门厅（剧院门口）

剧院门厅从海峡中获得灵感。地面延续了海浪流动的元素，墙面以木饰面板层叠的手法再现海岩堆叠的肌理，整体上营造出海浪、岩石、人（鱼群）的场景。高低错落的艺术灯具则仿佛在水中冒出的水泡，使整个空间更为灵动。

## 多彩镜廊（入口广场）

多彩镜廊位于青少年宫的入口处，作为衔接建筑下部功能体块的重要交通流线。柔性的斜拉索巧妙布置在飞廊沿线，呈现出轻盈的韵律感，造型宛若一条穿梭于架空层的丝带。独特的镜面吊顶反射着地面景观绚丽的色彩，室外剧场的布置使得室外活动也能映射到天棚当中，空间地面与天空浑然一体，搭配半室外露天小剧场，宛若海底的镜像世界。

▲ 鱼群巡游

▲ 海峡门厅

▲ 海星剧场

▲ 多彩镜廊

# NEW MODEL OF CHILDREN'S QUALITY-ORIENTED EDUCATION

## 儿童素质教育的新探索

青少年宫是素质教育重要载体。她是将教育建筑、文化建筑等有着不同性质、功能、使用人群的建筑类型复合化的一种形态。空间是建筑这一行为容器的物质化呈现。青少年宫可以是什么样的？设计希望从公共空间的特性、功能空间的组织逻辑，到特色空间的塑造，探讨不同维度的解决思路。

The Children's Palace is an important carrier of quality education. She is a kind of compound form of public building, educational building, cultural building and youth architecture, which represents different types of buildings, such as different properties, functions and users. Space is the only materialized representation of the behavior container of architecture. What can the Children's Palace look like? The design hopes to discuss the solution of different dimensions from the characteristics of public space, organizational logic of functional space, to the shaping of characteristic space.

# 研究：青少年宫类型化研究
Research: Study on the Typology of Children's Palace

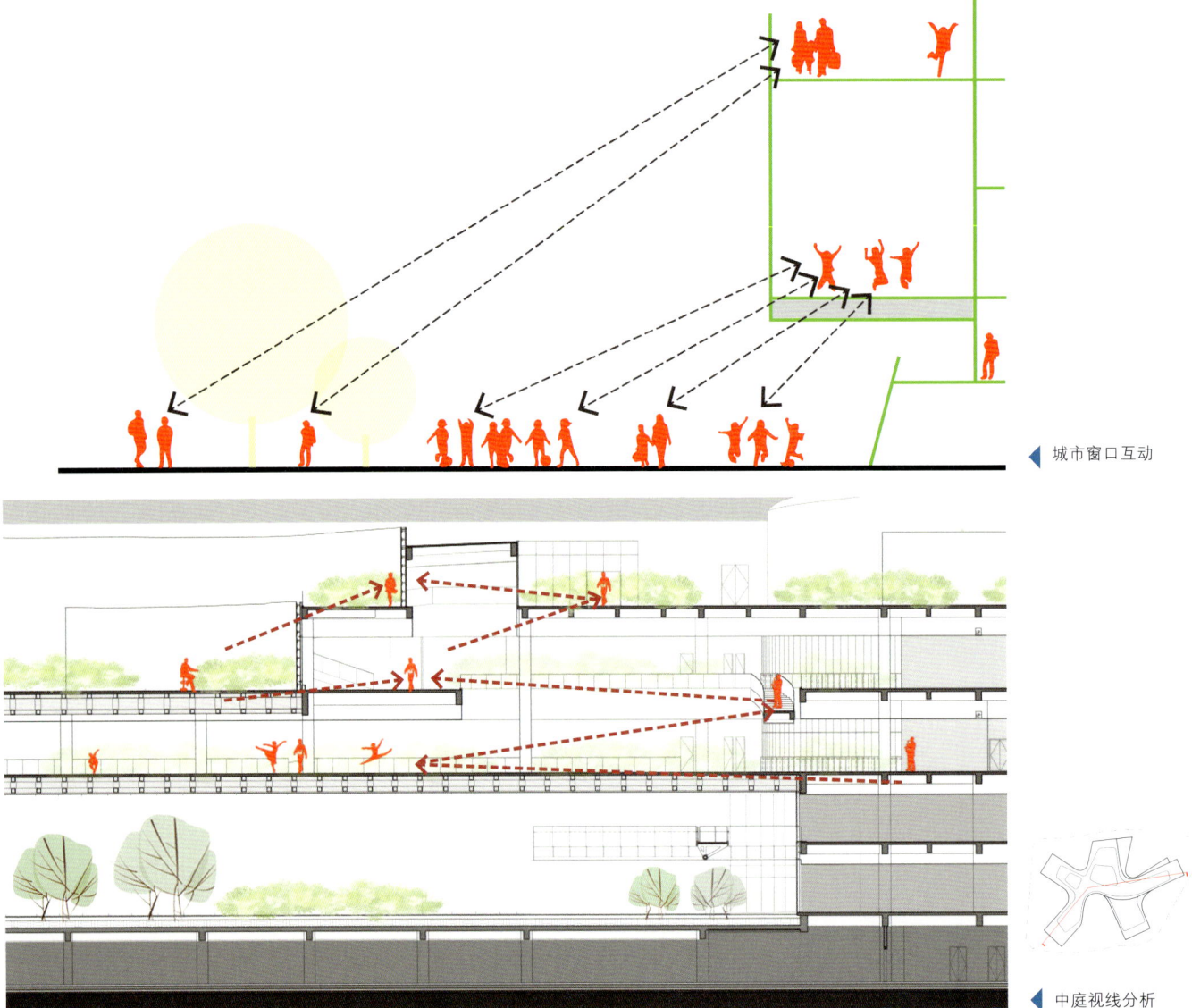

▶ 城市窗口互动

▶ 中庭视线分析

## 空间识别性

不同的公共空间需要具备各自场所的精神特质，由于项目中包含科技展示、书法教室、舞蹈教室、音乐教室等多种教育功能，设计打破传统教育建筑空间的匀质性，定制化设计了各具特质的公共空间，增强空间的识别性，配合不同方式的天窗、天井、边庭、光线的引导，让孩童轻松找到各自的领地。

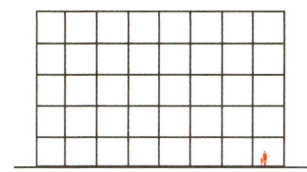

▲ 规整立面

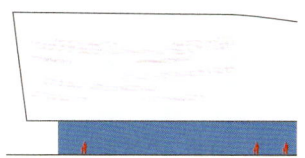

▲ 水纹肌理立面

## 功能复合性

儿童教育是与时俱进的，新型的教育模式和教学理念、教学形式层出不穷，公共空间需要灵活适应不同类别的使用需求，比如：儿童剧目推广、互动科技体验、教学成果展示、家长宣贯、休闲等候、竞赛围观、教学观摩等，设计考虑可开可合的移动隔断和复合化的大空间，将楼梯、走道、中庭、挑台、边庭、露台、窗台等多种元素集合，形成视线、动线、光线的融合。

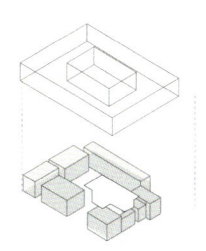

▲ 同层布局

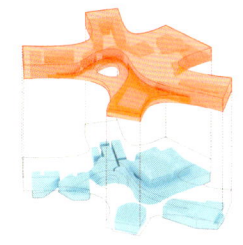

▲ 双层教展结合布局

## 公众参与性

青少年宫作为素质教育的场所，是常规教育的重要补充，往往利用常规教育的课余时间开课，家长也有时间积极参与陪同，无论是授课内容还是家长陪同等方面都具有极高的公众参与性。丰富多彩的素质教育成果值得展示，也拥有足够数量的受众，因此丰富的公共功能是青少年宫在设计之初的重点关注。设计团队希望青少年宫既能够满足家长陪同等候的需要，又能够将教学的成果和过程进行展示，激发孩童的交流和学习的创作灵感和学习兴趣。

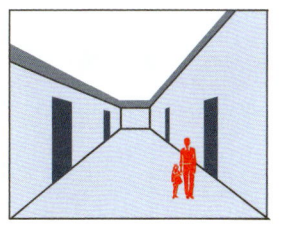

▲ 静态空间

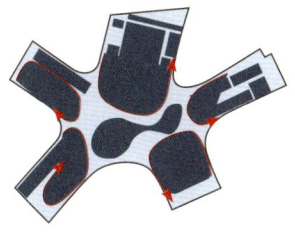

▲ 流动性布局

## 空间流动性

丰富的流动性空间有助于激发儿童的热情与活力，通过水平和垂直方向的空间错动，在大跨度结构的帮助下，实现空间的过渡，用动线将公共空间从负一层一直串联到屋顶。

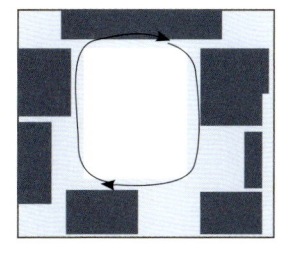

▲ 规整布局

▲ 流动空间

# 创新性的向心性布局
Innovative Centrality Design

## 向心性更易于公众共享

青少年宫作为公共建筑，选择了公共性更强的向心性布局模式，通过将交通和公共空间集中在中部，再放射状向四周展开，在管理上具有更好的适应性。

## 更多的采光通风教学区域

结合青少年宫教学单元和场地不规则等特点，在向心的拓扑原理上，通过将五星形变形增大形体边长的方式，扩大可采光教学区域并减少形体进深，引入更多的阳光与空气，同时形成了室内外互动的多个边庭和庭院空间。

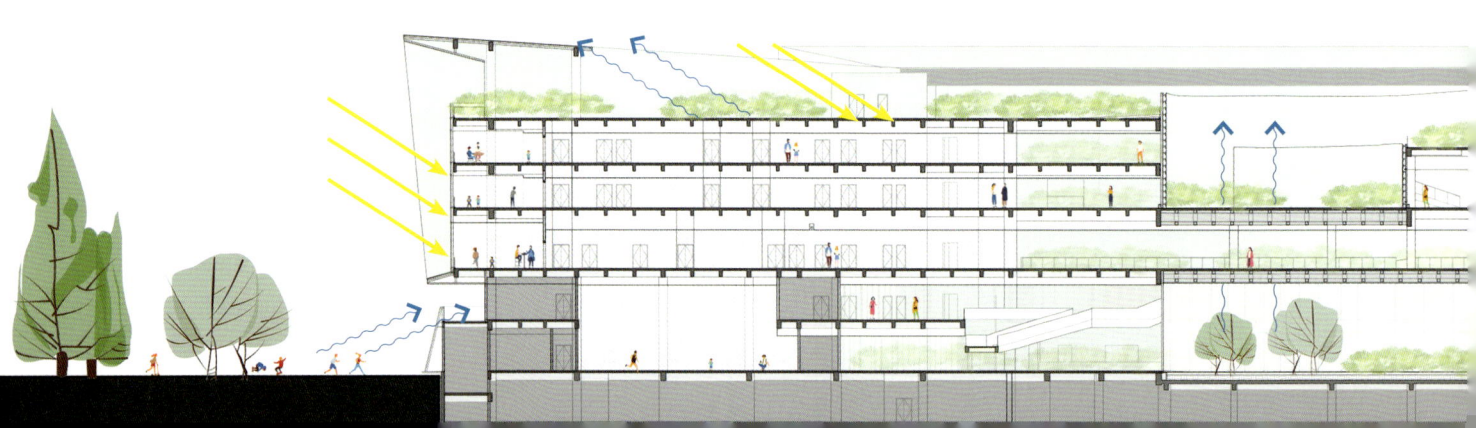

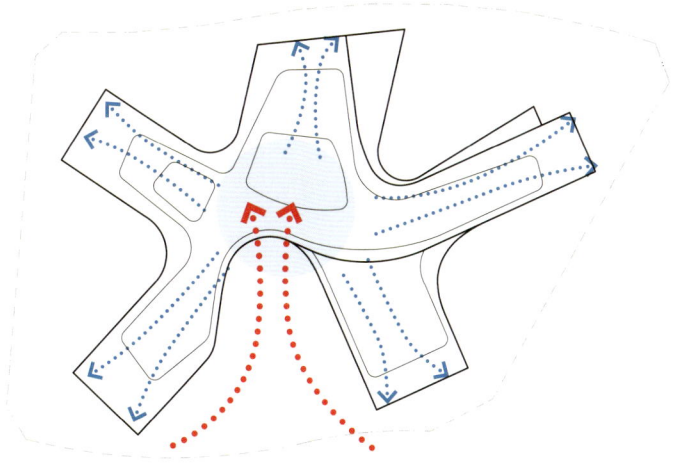

▲ 向心性布局——单一入口，利于安保

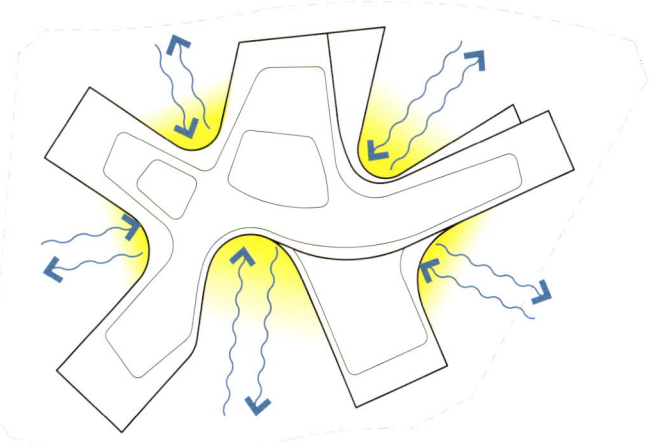

▲ 向心性布局——增大采光通风面

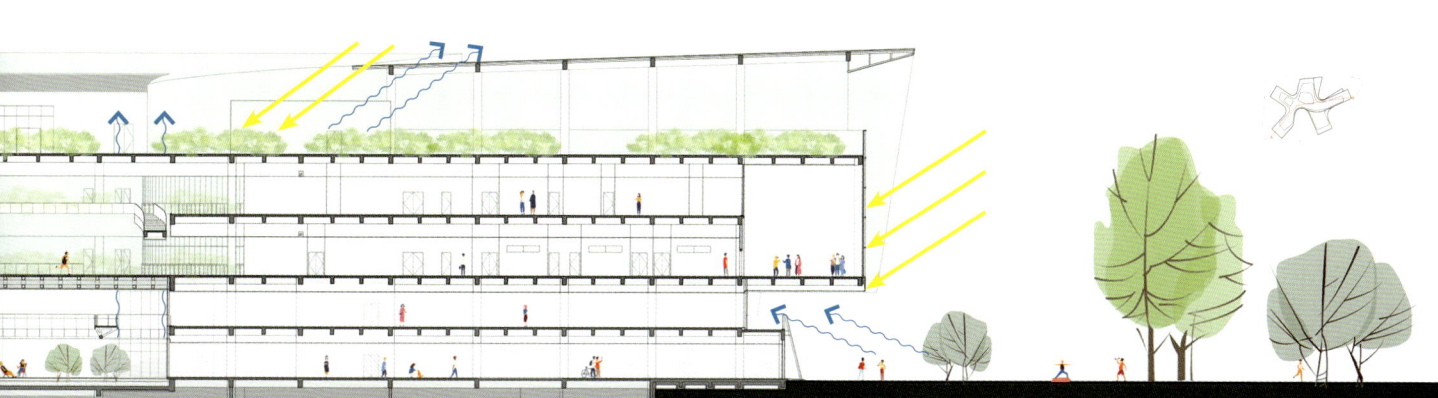

# 独立的教学空间
Space-independent Class Room

## 各具特色互不干扰的教学分区

青少年宫具有舞蹈、音乐、体育、美术、陶艺、书法、机器人等动静各异、教学空间使用需求各不相同的教学组团，设计团队通过前期充分调研和定制化设计，打造了从层高、空间形态、采光要求等都各具特色的教学区和端部的特色教学展示区。各教学区彼此之间互不干扰又能通过多个中庭和边庭连成有机的整体。形态各异的指状教学区搭配色彩和特色公共空间，具有更强的辨识性，从管理上也能做到管理分区、资源分类、动静分离。

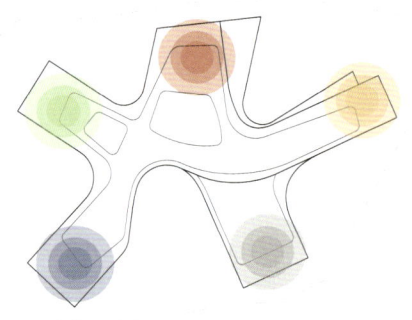

各指端独立教学功能

🟩 美术、陶艺、书法

🟦 科技、实验、模型

🟧 剧场

⬛ 图书馆、库房

🟨 声乐、舞蹈、武术

声乐、舞蹈、武术

图书馆、库房

科技、实验、模型

美术、陶艺、书法

剧场

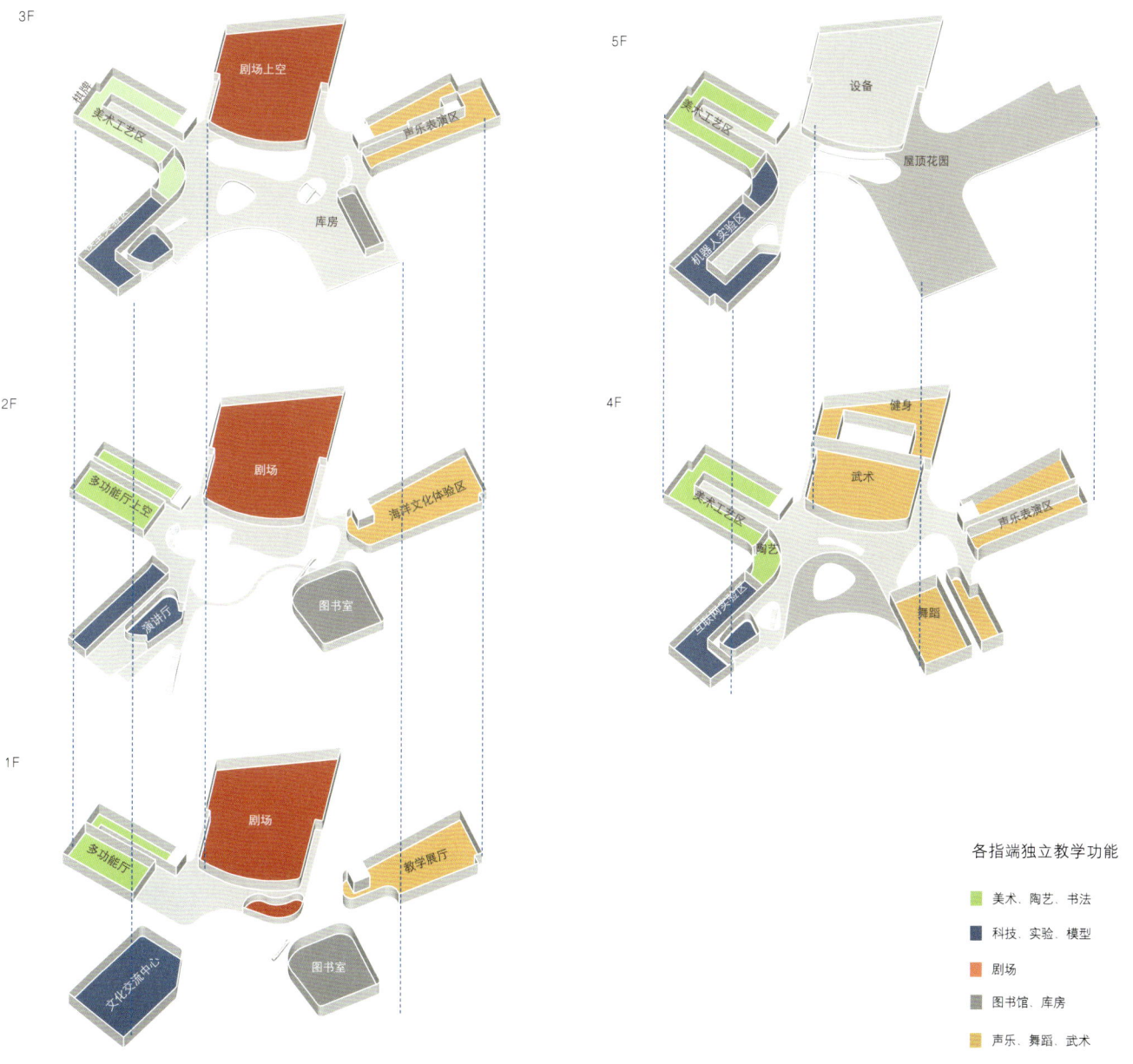

3F

剧场上空

美术工艺区

声乐表演区

库房

5F

设备

美术工艺区

屋顶花园

初路人实验区

2F

剧场

多功能厅上空

海洋文化体验区

演讲厅

图书室

4F

健身

武术

美术工艺区

声乐表演区

陶艺

五味科学实验区

舞蹈

1F

剧场

多功能厅

教学展厅

文化交流中心

图书室

各指端独立教学功能

■ 美术、陶艺、书法

■ 科技、实验、模型

■ 剧场

■ 图书馆、库房

■ 声乐、舞蹈、武术

# 非正式的学习空间
Casual Study Spaces

教育空间的形式本身就具有公共性和非正式性。正是通过这种开放性的教学过程，更能以轻松的方式吸引学习者的兴趣与注意力。

现代教育理念越来越强调非正式学习空间。相比较传统的教学空间严肃、单一的传授模式，非正式学习空间更能够激发学生学习的兴趣和交流讨论的欲望。而青少年宫的教学内容本身就是立足素质教育和课外教育，具有启发性、多元性、互动性强等特点。因此我们在设计之初，在创造满足教学要求的常规正式学习空间之外，将一些公共空间进行组合，打造多样性的非正式学习空间组合（四至五层大楼梯、连桥、三层屋顶露台、东南下沉庭院、植物草坡、主入口首层室外小剧场、西南指端边庭），从而激发学生自由选择学习，促进交流与讨论。

▲ 首层家长休息区

▲ 四至五层公共楼梯

◀ 儿童图书馆螺旋楼梯

# 多元化的户外学堂

Pluralist Outdoor School

建筑各指端散布着功能各异的教育空间，景观作为传统室内课程的拓展可以解放儿童空间，为孩子走出课室创造良好的户外条件，培养学生的学习动机和探索欲望，让孩子们在更多元化的户外大课堂中吸收信息、健康成长。

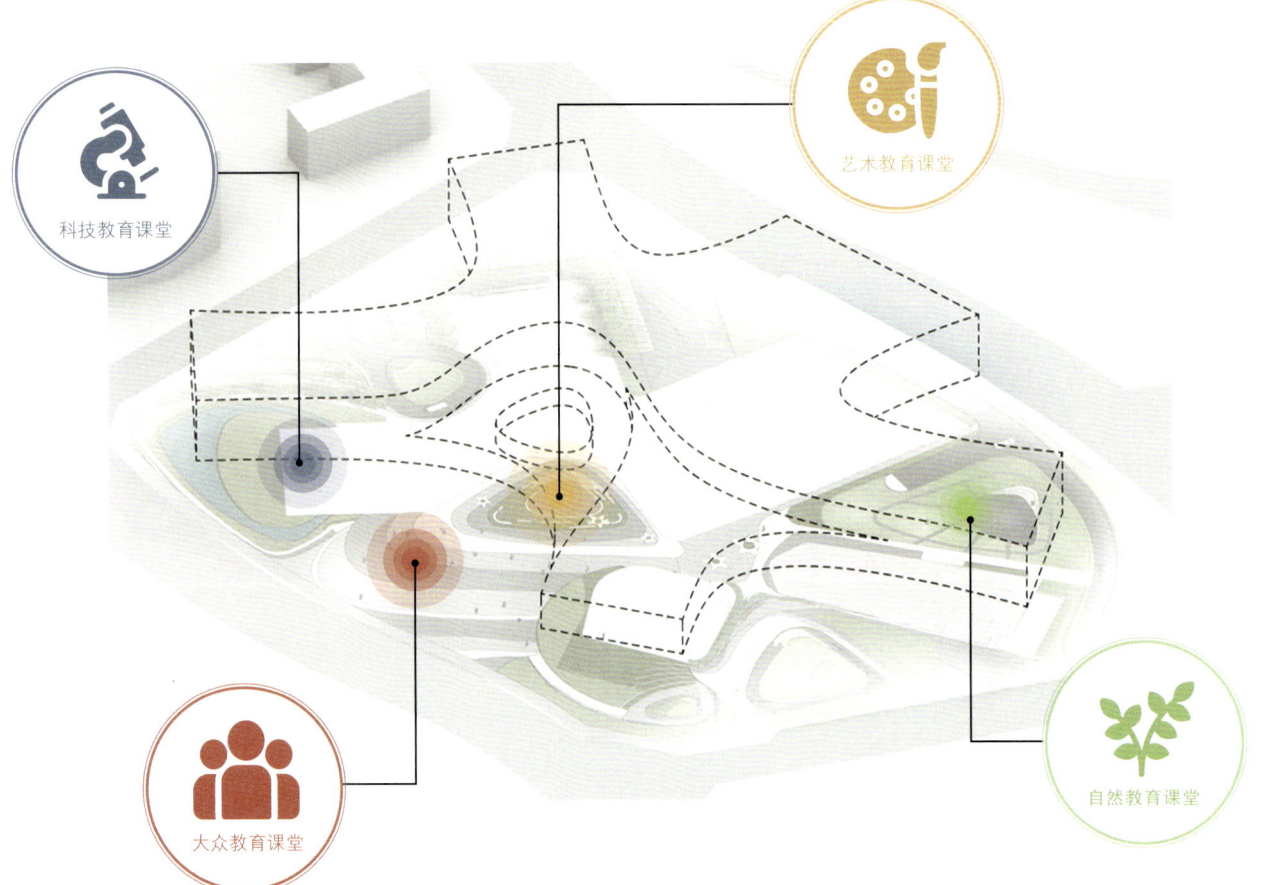

## 科技教育课堂

将海洋科技展厅的功能拓展至户外，开放式的草坪便于形象展示和举办户外交流活动。

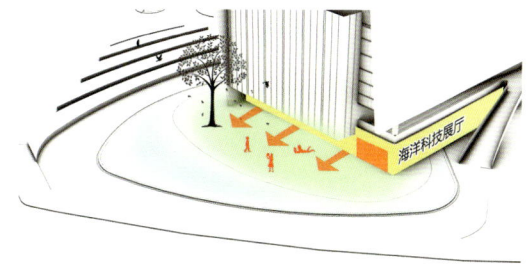

## 自然教育课堂

自然教育课堂满足园艺科普、海绵城市科普的需求，引导鼓励儿童走出课室、接触自然，把孩子还给自然，也把自然还给孩子。

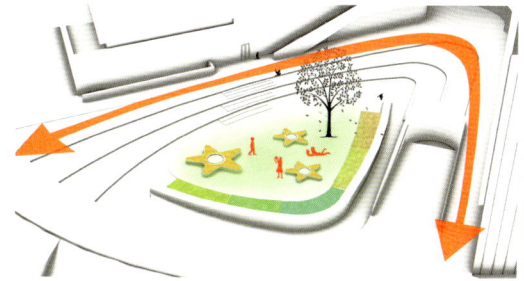

## 大众教育课堂

入口广场流畅且极具动感的铺装线条提取自建筑体的海星形态，开放的空间以友好的姿态接纳来自城市方向的人流，弹性的空间更是为日后举办各类大众科普教育活动提供了更多可能性。

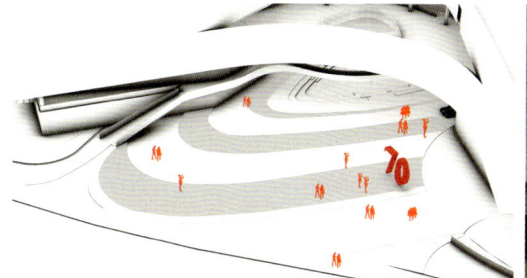

## 艺术教育课堂

中庭景观绿化的引入为灰空间增添色彩，下沉式舞台设计利于积聚人气，开展各种艺术教育活动，层级台阶和散布的海星坐凳提供休憩空间。

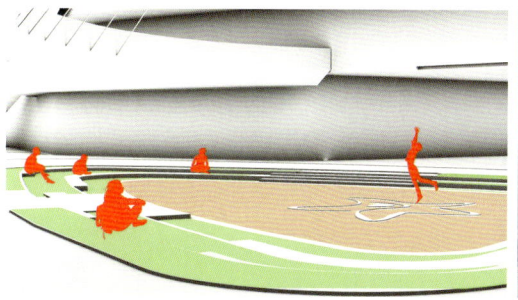

# 教展结合的新模式
New Model of Teen's Education

对教育过程的展示，激发受教育者和旁观者对学习的兴趣，具有艺术形式的表演，应该是更具有展示性和公共性的。荷兰建筑师库哈斯就多次在他的设计理论和实践中提及，需要把表演排练的活动或者学习的成果向公众展示，提高艺术的普及度，激发公众的参与度。这个理念，在波尔图音乐厅和台北艺术中心等项目设计中反复倡导。随着艺术的普及，公众对艺术的制作产生过程越发关注，因此他提出设计一些公众动线，可以观摩到后台、排练区、教学区等传统不对外开放的艺术加工区，增加艺术与公众的互动。

从社会参与性的角度来看，建筑，特别是公共建筑，应该更多考虑与社会参与者的互动。这些社会参与者不应该只是狭义的建设者、设计者和直接使用者，更应该包括社区人员、城市公民等广义的使用者。而青少年宫

作为艺术入门培养的前沿阵地，恰好汇聚了公共性、艺术性和宣传性三大特点，更值得将其中丰富多彩的教学过程和成果对公众展示。

这种展示包括三个方面：

1. 利用交通空间等公共人流较大的区域，设置教学成果展示区；2. 利用建筑端部空间等面对城市节点的空间结合立面设置特色教室，展示教学过程；3. 利用室外景观设置半开放教学互动体验区。

对于青少年宫建筑，家长对学生教学过程有着天然的好奇和关注；同时，孩子们天真烂漫的形象极具感染力和亲和力，也能够吸引其他孩童，使他们产生对学习的浓厚兴趣。

31.100

28.300

9200

屋顶平台

20.950(屋)

1900

1900

1900

5650

1900

娱乐课室

15.300

1900

5700

1900

走道

多功能厅

9.600

1400

100

4800

8.100

6.000

600
600
600
600
600
600
600

室外阳台

海洋科技文化体验区

4.800

娱乐宣传体验馆

4800

-0.100

±0.000

2-9

2-8

# 符合儿童特殊人群的空间设置

The Special Space  Design for Exceptional Children

青少年宫作为教育文化类公共建筑，主要使用者涵盖了从儿童到青少年各年龄段，跨越儿童生理心理发育的各个阶段。设计要考虑青少年这个主要使用群体的特殊性。

## 空间设置符合儿童心理特点

儿童的心理是充满好奇和探索精神的。因此，青少年宫空间设置上通过错动的中庭和连续的步行体系，让室内空间步移景异，并结合海洋元素和鲜艳的色彩，让孩童既对空间有很好的辨识度，也形成流连忘返的体验效果。结合层高的变化和错层的设置，让参观者不经意间就能漫步到屋顶，强化了公共建筑的步行体验，也减少了参观者对垂直交通的依赖。

## 空间设置符合儿童生理特点

### 1. 儿童身高发育差异大

提高栏板高度，增设儿童栏杆；考虑儿童成长发育期身高不均的情况，剧场提高了视线升起参数，以更好适应不同儿童观演的视线需要。

### 2. 儿童对空间距离判断发育不均

儿童由于运动平衡性和空间距离判断性发育不均等生理特点，容易跌倒和发生磕碰，设计在室内外更多采用弧形等非尖锐的处理方式，在墙面和地面采用 PVC、塑胶走道、木质、石膏板等柔性材料，以提高安全性。

### 3. 童声高频、高分贝

儿童天真的性格，声音高频音较多，且声音分贝较高。在人流密集的公共空间考虑更多吸声材料（岩棉吸声板、穿孔吸声石膏板、GRG 吸声板等），以改善空间的声环境。

## 为青少年演出定制的剧场空间

儿童剧场中的演出以粤港澳儿童艺术文化表演为主。而儿童剧场的设计既要满足一般观演建筑的要求，又要体现儿童剧目表演的一些特点。

### 1. 舞台和侧台尺寸

儿童剧目的表演多为集体表演，演员人数较多。演出时在后台往往有老师等指挥辅导和上下台串接工作，因此设计结合实际情况，放大了舞台和侧台、后台的尺寸。

### 2. 升降乐池

大型舞台设备的使用具有极高的专业性，而青少年宫不像专业剧团具有维护设备的经验和团队。因此设计有限度地策划了利用率相对较高的升降乐池。一是因为儿童剧目表演需要较好的互动性，升降乐池可以作为舞台的延伸，拉近表演者和观众的距离；二是设计团队经过调研发现随着经济水平的提升，儿童表演中乐器的出现频率日益提高；三是乐池可以调节座椅的数量，便于剧场灵活使用。

### 3. 座椅排布

取消楼座。儿童剧场的管理不能像专业剧场那样严密，同时儿童对自身行为安全管理意识相对淡薄，设计最优化设计了 900 座无楼座剧场，并且最优化视距和声学设计，保证每一个位置的观赏效果。

同时，排距和视线升起。考虑儿童身高变化和家长陪同情况，在满足剧场运营方座椅数量需求的基础上，设计考虑不同年龄段观演的需求，设置了前区排距较大的低龄儿童家长陪同区，同时可以兼顾 VIP 坐席区，合理平衡了儿童剧场观演体验、安全管理和个性化需求。

### 4. 儿童化妆间

后台设有童星化妆镜，并放大了集体化妆间尺寸，适应儿童剧目参演人数较多、化妆精细度适中的表演要求。

◀ 儿童图书馆一角

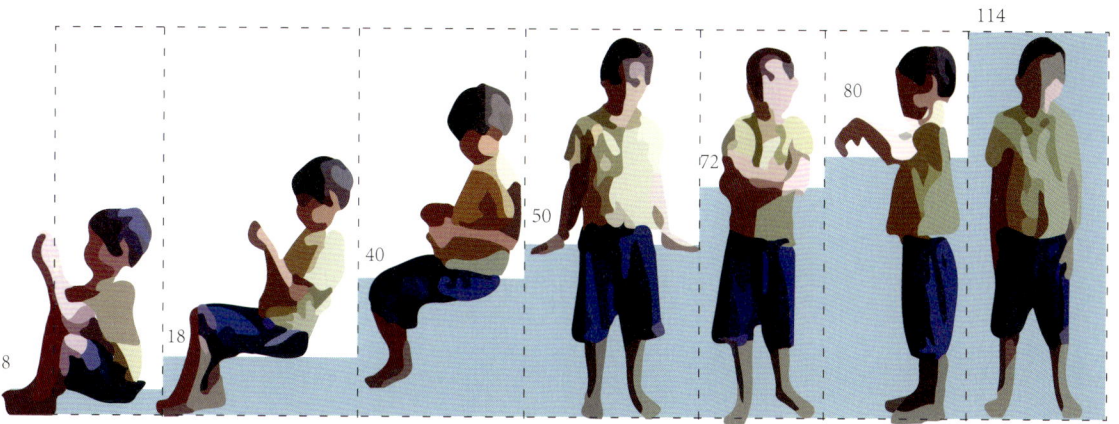

◀ 儿童模度图

# NEW APPLICATION OF DIGITAL FINE DESIGN

## 数字精细设计的新应用

　　技术是推进设计落地的保障；特色的空间需要创新的结构形式的保障；简洁的立面需要数字化的设计手段的优化；快速的建造周期需要高效率的参数化设计的辅助；精细化的建造更需要 BIM 等技术的广泛应用；现代化的设计建造是创意、技术与管理的无缝衔接。

Technology is the guarantee to promote the design realization; characteristic space needs the guarantee of innovative structural form; Simple facade needs the optimization of digital design means; The rapid construction cycle needs the assistance of efficient parametric design; Fine construction needs the wide application of BIM and other technologies; Modern design and construction is the seamless connection of creativity, technology and management.

# 创新结构设计
## Innovative Structural Design

## 正交网格空腹桁架大跨度空间结构
Large-Span Spatial Structures of Vierendeel Truss

青少年宫架空中庭整个区域结构跨度超过 55 米，是整个项目结构设计难度最大的区域。设计师结合规范，进行反复研究，最终确定采用正交网格空腹桁架结构形式。采用 PKPM 及 MIDAS 模拟在地震、温度作用下的结构整体和杆件分析，利用 ANSYS 做关键节点应力分析，保证结构体系安全；再用 MIDAS 及 YJK 对楼板上不同人数的不同运动情况进行模拟，做舒适度分析，以满足使用人群的舒适度要求。整个架空中庭空间连接了下部剧场与上部教学空间，营造出主入口区域高大的空间效果。孩子们在建筑中嬉戏慢跑，在探索这栋建筑的同时也能体会到设计师的匠心所在。

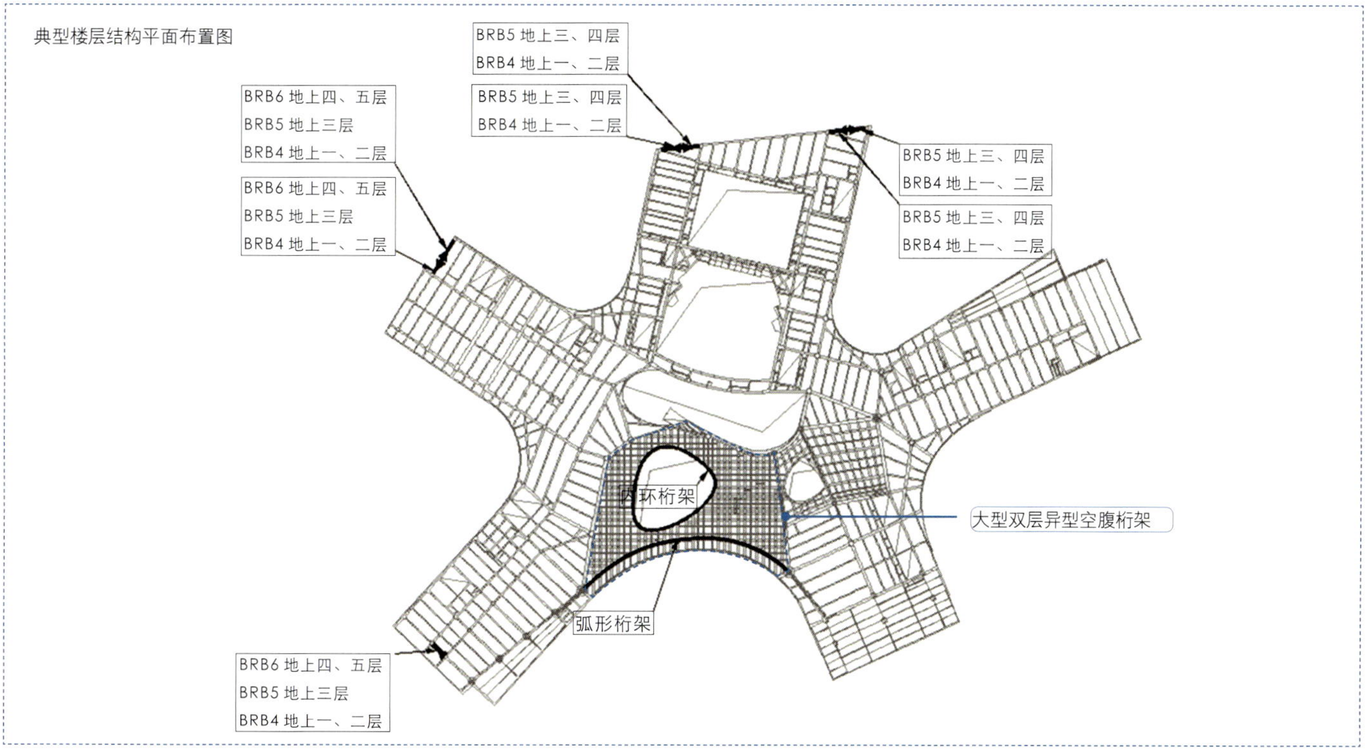

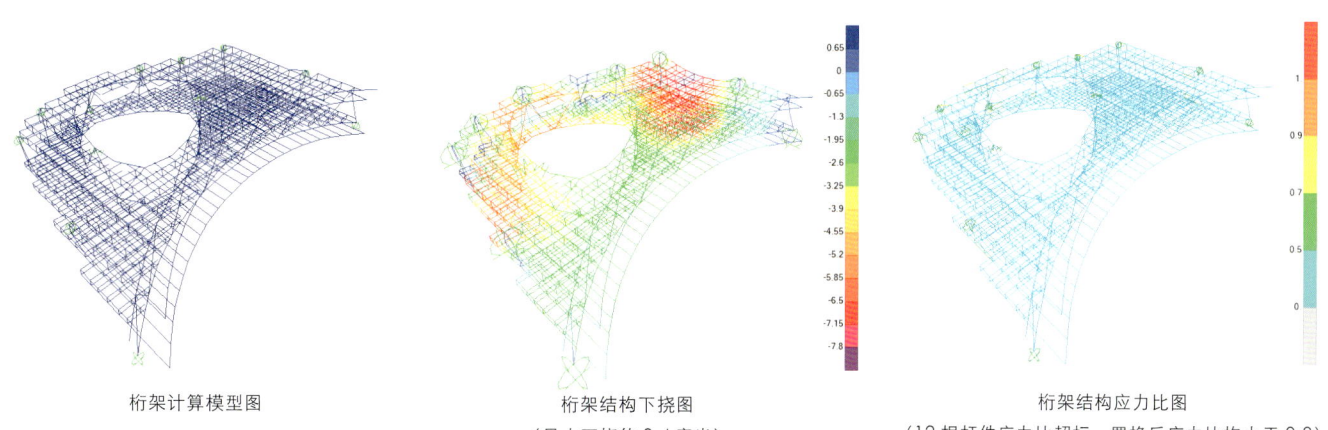

典型楼层结构平面布置图
BRB5 地上三、四层
BRB4 地上一、二层
BRB6 地上四、五层
BRB5 地上三层
BRB4 地上一、二层
BRB5 地上三、四层
BRB4 地上一、二层
BRB6 地上四、五层
BRB5 地上三层
BRB4 地上一、二层
BRB5 地上三、四层
BRB4 地上一、二层
BRB5 地上三、四层
BRB4 地上一、二层
内环桁架
大型双层异型空腹桁架
弧形桁架
BRB6 地上四、五层
BRB5 地上三层
BRB4 地上一、二层



桁架计算模型图

0.65
0
-0.65
-1.3
-1.95
-2.6
-3.25
-3.9
-4.55
-5.2
-5.85
-6.5
-7.15
-7.8

桁架结构下挠图

（最大下挠约 8.4 毫米）

1
0.9
0.7
0.5
0

桁架结构应力比图

（12 根杆件应力比超标，置换后应力比均小于 0.8）

# 整体抬升大跨度空间结构施工工艺
## Technical Lifting of Large-Span Spatial Structures

大跨度双层空腹异形桁架整体跨度大，安装高度较高。若采用常规的分件高空散装方法，需要搭设大量的高空支撑架，高空组装、焊接工作量大，技术经济性指标较差，而且存在较大的质量、安全风险。若将钢结构在地面拼装成整体后，采用"超大型液压同步提升施工技术"将其整体提升到设计标高，再进行对口处的杆件焊接，则大大降低现场高空的施工量和施工难度。

异形桁架现场拼装及临时支撑安装

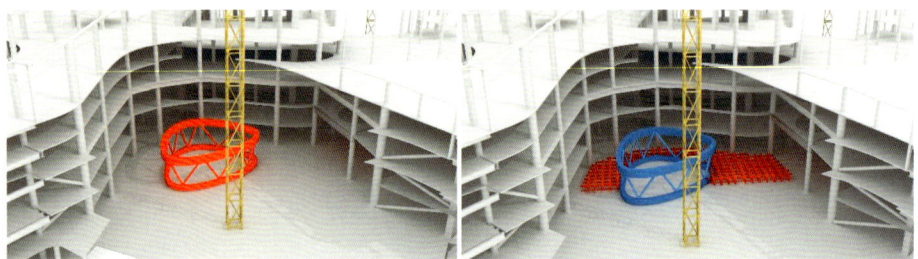

1. 内环桁架地面拼装

2. 三层钢梁第一部分拼装

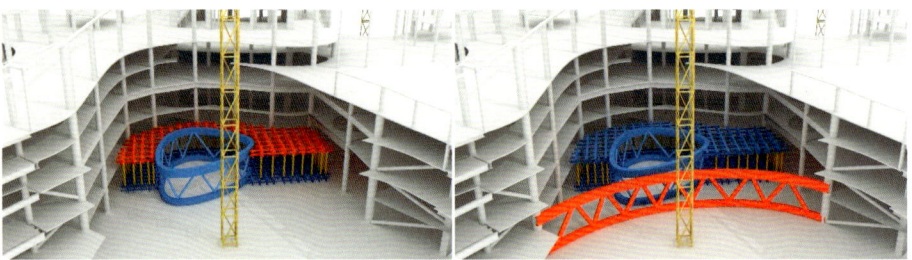

3. 搭设圆管支撑，拼装四层钢梁第一部分

4. 外环桁架地面拼装

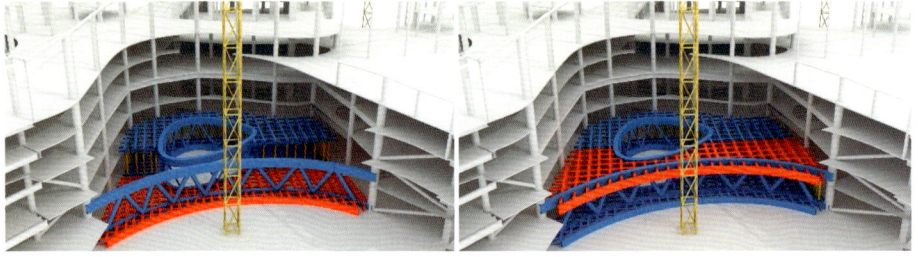

5. 三层钢梁第二部分拼装

6. 拼装四层钢梁第二部分

提升上下吊点设计安装→异形桁架现场拼装及临时支撑安装→整体提升设备安装及调试→试提升及正式整体提升 →对接口校正焊接及后补杆件安装→临时支撑拆除卸载→施工全过程监测。

钢结构两项关键施工技术经广东省建筑业协会科学技术成果鉴定均达到国内领先水平，均获评 2019 年广东省建设工程施工工法。剧场钢结构综合技术获评 2020 年（第八届）广东省土木建筑学会科学技术奖三等奖。

中庭液压整体提升

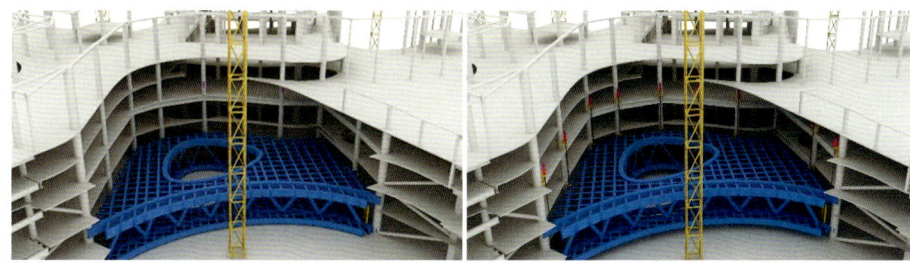

1. 在地面完成中庭钢结构提升部分拼装　　2. 在提升单元上方安装液压提升设备设施

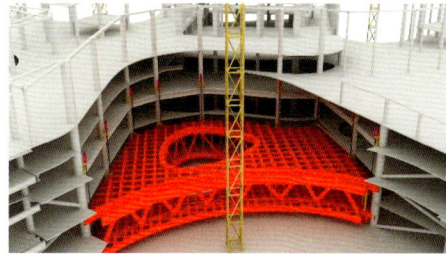
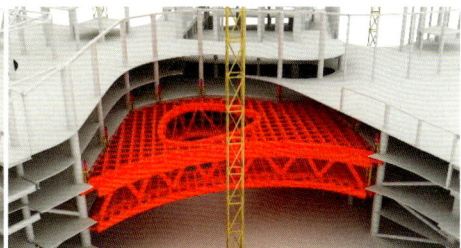

3. 系统整体调试，确认无误后，10 台液压提升器同步作业，分级加载；之后提升结构离地 50 毫米，停留 12 小时观察

4. 确认正常后，正式提升作业，期间测量各吊点提升相对高度，如需单吊点微调处理，将结构提升至设计位置，复测各吊点提升高度是否与设计状态吻合

5. 提升中庭部分钢梁与埋件采用高强螺栓连接　　6. 栓接完成后进行验收，合格后提升器卸载，设备拆除

# 找型的艺术——单边悬索吊桥

Unilateral Cable-Suspended Structure Bridge

在大跨度空间结构下外挂了一座自平衡单边斜拉索钢吊桥。这种精巧结构设计，将柔性的斜拉索巧妙有序地布置在飞廊沿线，使其呈现一种独特的韵律，从青少年宫的主入口看过来，其显得无比的轻盈，宛若一条丝带穿梭其间。

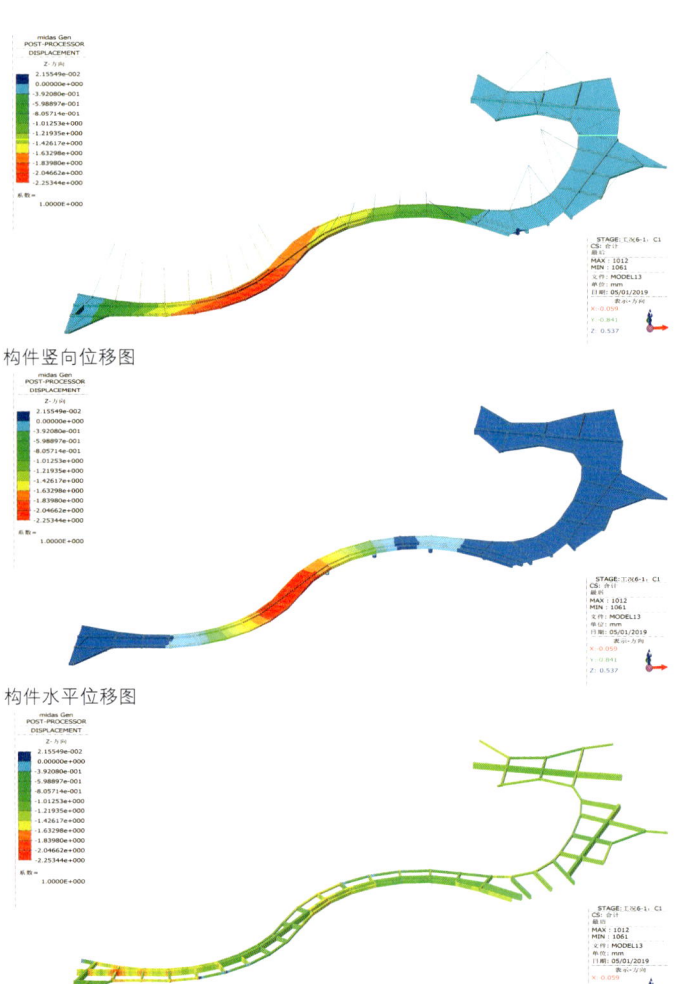

构件竖向位移图

构件水平位移图

异形钢箱梁应力图

# 数字化应用
## Digital Application

## 复杂形体的图纸表达
### Technical Drawing of Complex Shape

青少年宫因为建筑空间与整体形态非常不规则，我们面临如何将设计语言精准向施工传递的系统问题。

传统异形设计中常用点定位，故我们将形体变化的点逐一找出并标记。但在这个过程中采用 RHINO 进行的设计，运用大量自由曲线。自由曲线如果采用点标注，则需要很多点才能把一条虚线描述清楚。那么是否有更好的方式来描述一条自由曲线呢？

曾有资深建筑师说过，如果设计自己都觉得很麻烦，那么施工实施则会更难。设计是需要考虑实施团队深化、加工、施工水平，如果全是天马行空的想象不考虑落地，那么最终建成的效果也不会理想。这就需要设计师付出更多巧思的 `代价` 来换取实施的便利性与可能性的。

在此我们借助 Grasshopper 开发了一些小工具来辅助设计：
1. 快速自由曲线转化圆弧。
2. 快速标高标注工具。

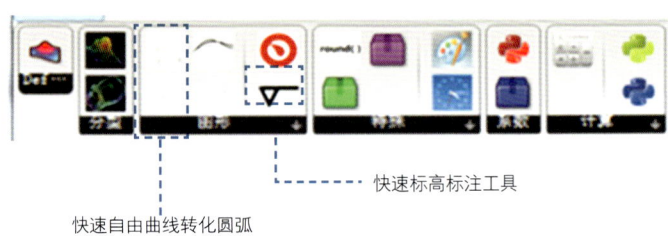

快速标高标注工具

快速自由曲线转化圆弧

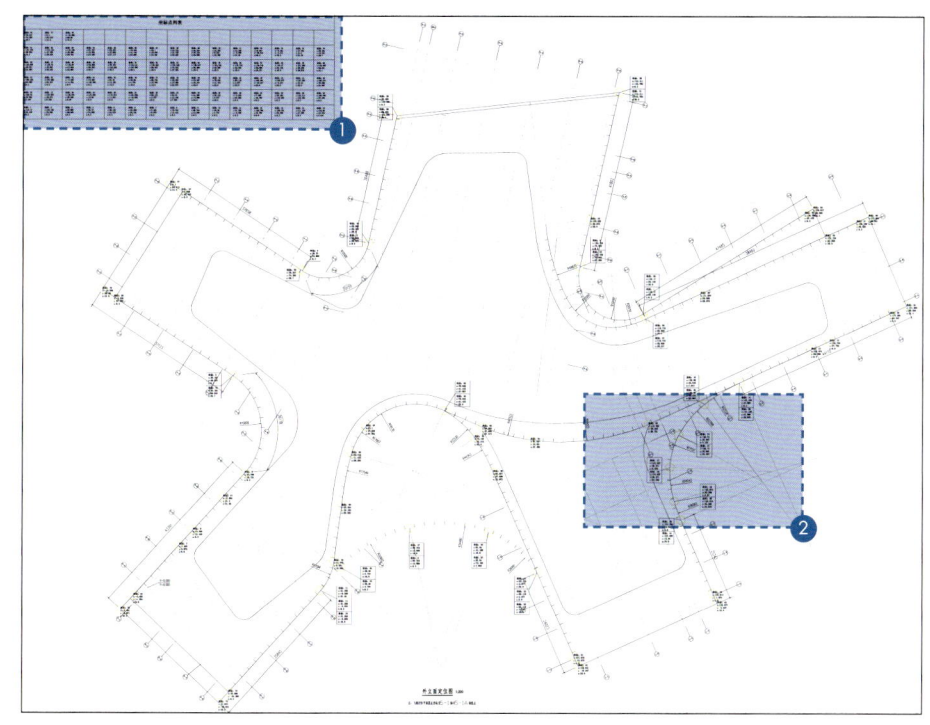

◀ 外立面定位图

❶ 所有坐标点列表

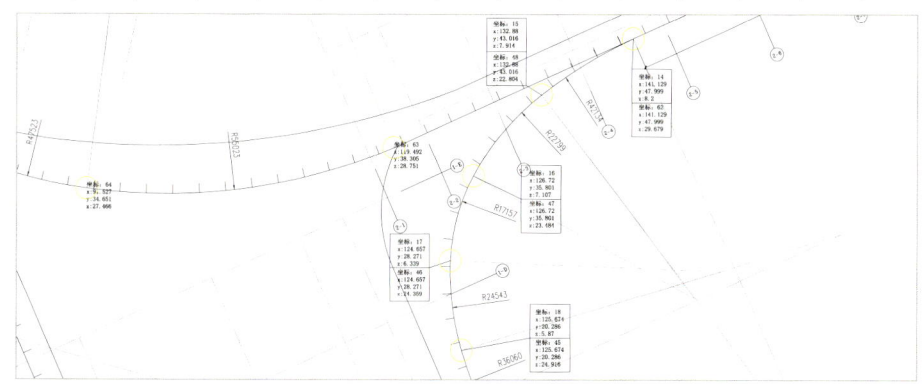

❷ 外立面平面定位

# 立面穿孔排布设计
Perforation Layout Design for Elevation

青少年宫作为南沙明珠湾起步区重要的配套公建，定位为绿色建筑三星级标准。广州属夏热冬暖地区，这里最有效的建筑立面设计策略是通风＋遮阳。因此在方案初期，设计团队就确定了采用双层表皮（穿孔板＋门窗系统）的建筑设计策略应对广州酷热的天气。在扩初阶段，我们又在立面设计过程中加强了这一概念，同时考虑室内各功能房间采光需求，进一步深化研究的整个项目的外表皮设计。

团队通过研究基地情况，发现青少年宫周围虽有高层建筑，但距离较远，这些高层建筑对青少年宫本身不存在主要的遮挡。反而由于青少年宫自身五角星的形态，容易造成自身指端对其他区域的遮挡。因此我们采用 ecotect 与 grasshopper 里的 geco 进行了遮阳研究，对建筑各个立面进行太阳辐射分析。最终形成了图纸所表达的表皮颜色从下至上由浅入深的渐变，这些不同颜色的面板代表了不同的穿孔率，颜色越深穿孔率越低。这样也符合建筑平面功能采光的需求，底部功能房间需要更多采光，顶部需要更多遮阳。而最终形成〝海浪〞侵蚀褪晕渐变肌理，也呼应了海洋元素的设计主题。

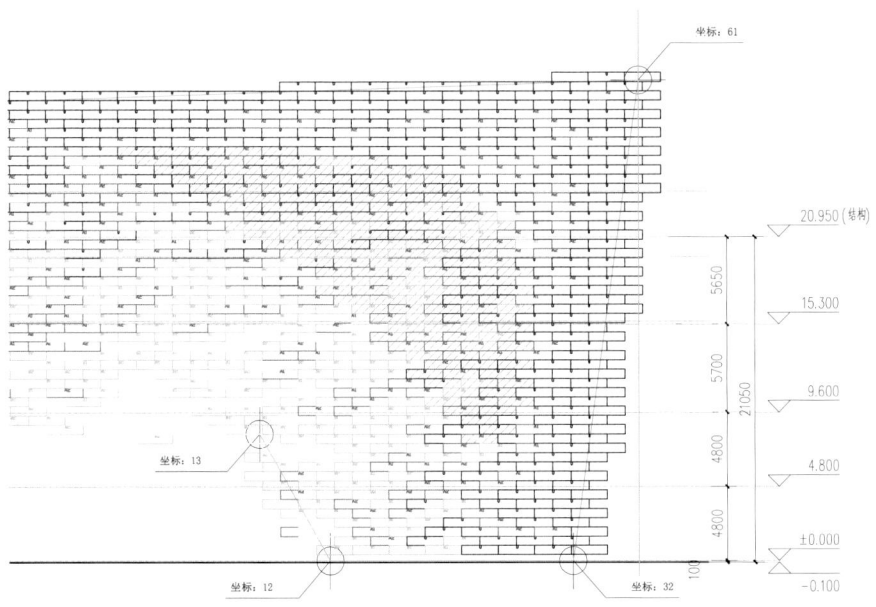

东南角幕墙局部放大图 ▲

## 效果及成本控制
Quality Assurance and Cost Control

通过对比多种幕墙构造方案，结合建筑美观与现场工期与成本，设计团队最后确定外表皮采用牛腿加框架式竖挺横梁的安装方式。

为了能更好契合设计主题，立面穿孔板选用了海星图案。设计团队根据复合板生产的标板尺寸，结合冲孔工艺、边缘留边（海星开孔距离太近且复合板强度低，同时冲孔的时候会将板拉扯变形，必须设置可控的报警程序）、折边与梅花状的布孔方式，建立了一套穿孔板绘制程序。目标是追求最大的材料套材率，减少成本，

并提高加工的可实施性。当建立了这套开孔的程序后，团队快速绘制出多种孔洞排布方案，最终选择冲孔穿孔方式方案二作为最后现场实施的开孔样式。

这套程序也可以监控在相同穿孔率下的不同穿孔数。这些孔数量代表着成本、生产周期和最终建筑效果，通过这种方式团队发现过去难以衡量的建筑效果现在有了可以判断的评价标准。最终设计团队与施工方、材料供应商达成了三方诉求的平衡。

穿孔程序

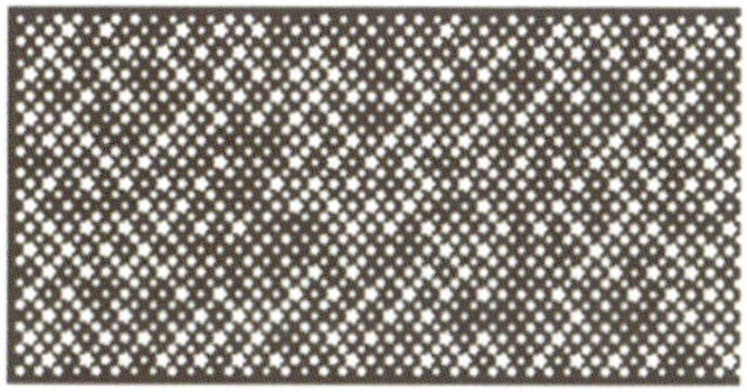

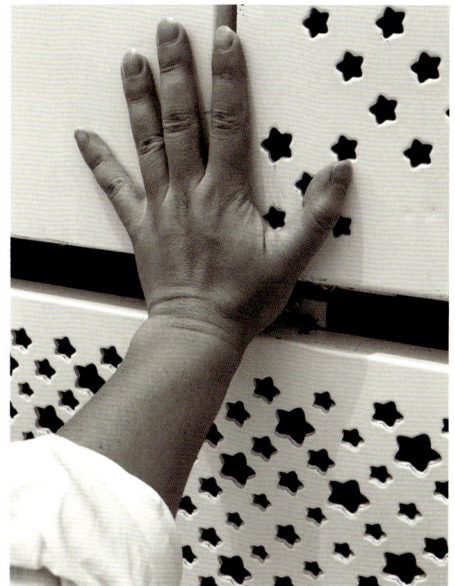

方案一 A
总孔数 2690；穿孔率 32.1%

| 小孔 | 小孔比例 | 小孔个数 |
|---|---|---|
| 0.004 | 41.6% | 1118 |
| 中孔 | 中孔比例 | 中孔个数 |
| 0.0055 | 41.5% | 1118 |
| 大孔 | 大孔比例 | 大孔个数 |
| 0.008 | 16.9% | 484 |

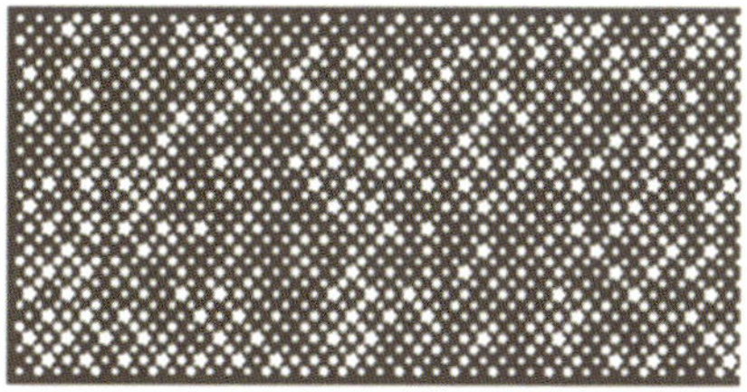

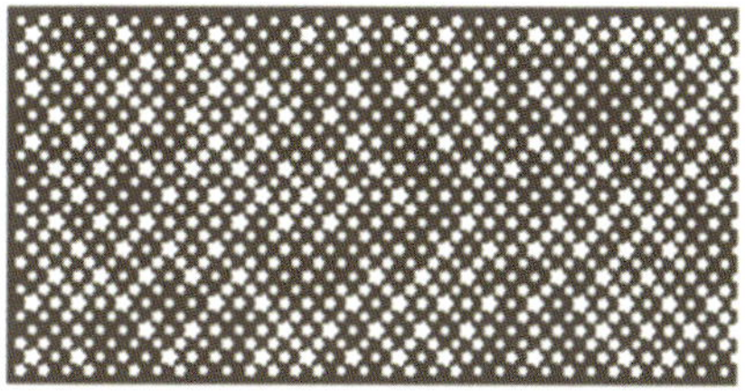

方案二 A
总孔数 1823；穿孔率 32.1%

| 小孔 | 小孔比例 | 小孔个数 |
|---|---|---|
| 0.005 | 41.6% | 759 |
| 中孔 | 中孔比例 | 中孔个数 |
| 0.0065 | 41.6% | 759 |
| 大孔 | 大孔比例 | 大孔个数 |
| 0.0096 | 16.9% | 305 |

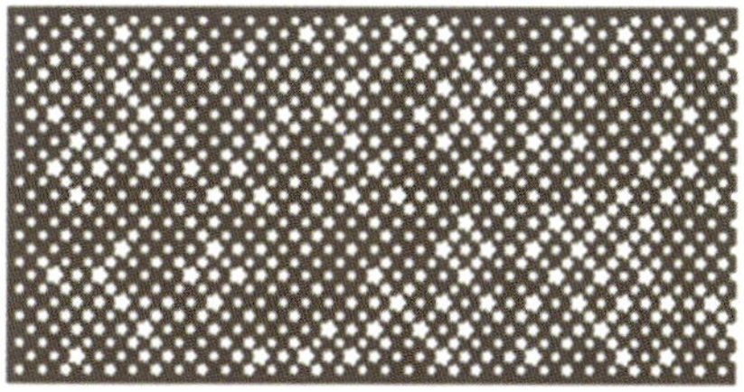

方案一 B
总孔数 2690；穿孔率 28.0%

| 小孔 | 小孔比例 | 小孔个数 |
|---|---|---|
| 0.004 | 57.2% | 1538 |
| 中孔 | 中孔比例 | 中孔个数 |
| 0.0055 | 30.1% | 828 |
| 大孔 | 大孔比例 | 大孔个数 |
| 0.008 | 12.0% | 324 |

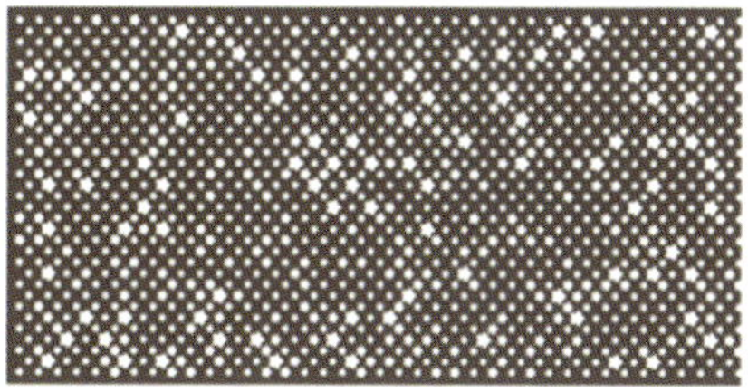

方案二 B
总孔数 1823；穿孔率 27.7%

| 小孔 | 小孔比例 | 小孔个数 |
|---|---|---|
| 0.005 | 57.2% | 1043 |
| 中孔 | 中孔比例 | 中孔个数 |
| 0.0065 | 30.1% | 562 |
| 大孔 | 大孔比例 | 大孔个数 |
| 0.0096 | 12.0% | 218 |

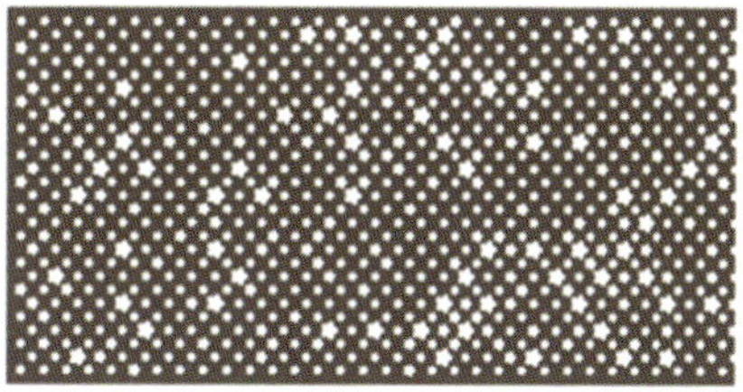

方案一 C
总孔数 2690；穿孔率 23.6%

| 小孔 | 小孔比例 | 小孔个数 |
|---|---|---|
| 0.004 | 74.2% | 1997 |
| 中孔 | 中孔比例 | 中孔个数 |
| 0.0055 | 18.6% | 499 |
| 大孔 | 大孔比例 | 大孔个数 |
| 0.008 | 7.2% | 194 |

方案二 C
总孔数 1823；穿孔率 23.9%

| 小孔 | 小孔比例 | 小孔个数 |
|---|---|---|
| 0.005 | 74.2% | 1354 |
| 中孔 | 中孔比例 | 中孔个数 |
| 0.0065 | 18.6% | 338 |
| 大孔 | 大孔比例 | 大孔个数 |
| 0.0095 | 7.2% | 131 |

111

# 立面排板消差设计
Panel Fitting Design for Elevation

在制作各个曲面展开的排板图时，设计团队考虑到施工期间会因为排板形成累计误差造成远端错缝对齐的面板排布无法对齐，于是专门设计了立面"消差区"，并使"消差区"的非标板藏在不易观察的区域，确保最终建成效果。

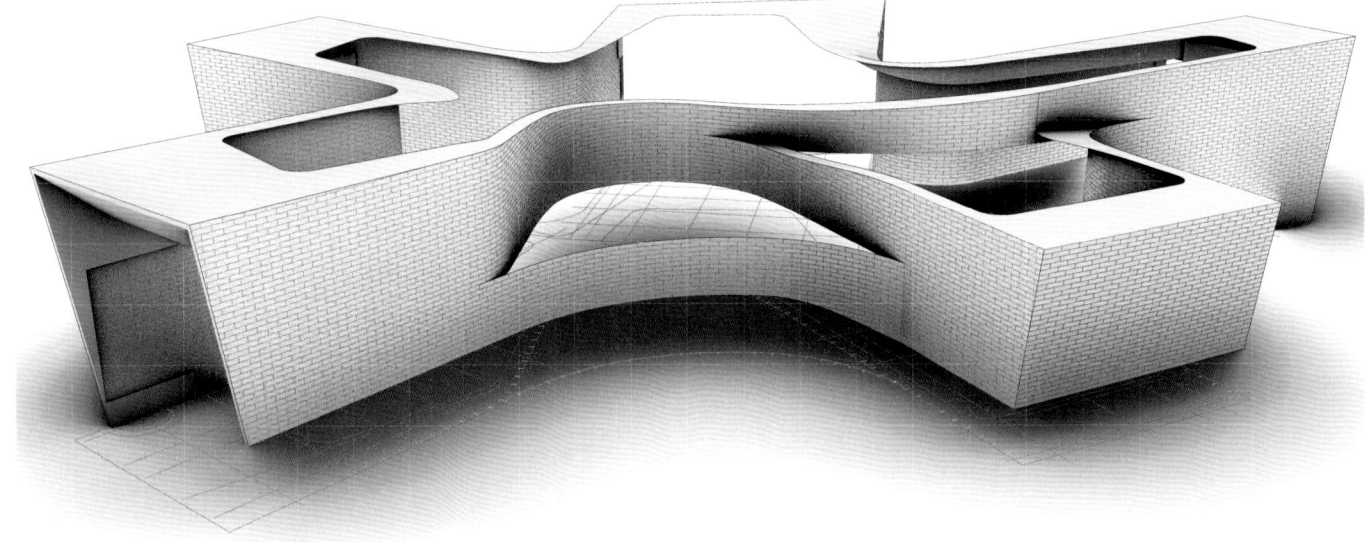

　　设置了连续展开面的"消差段"，确保各个表皮在"撕开"与"衔接"连接处的面板都是一块标准板，并将非标准板巧妙地隐藏在整个立面中。设计通过模数化控制，让内外双层表皮竖龙骨——对应。

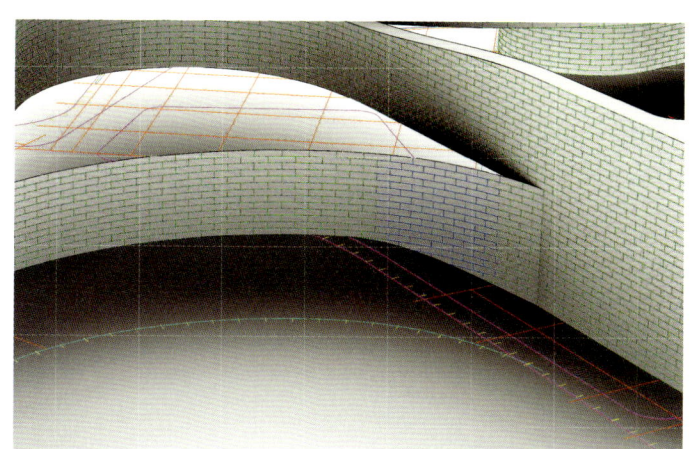

▲　穿孔板立面布置图一

穿孔板立面布置图二

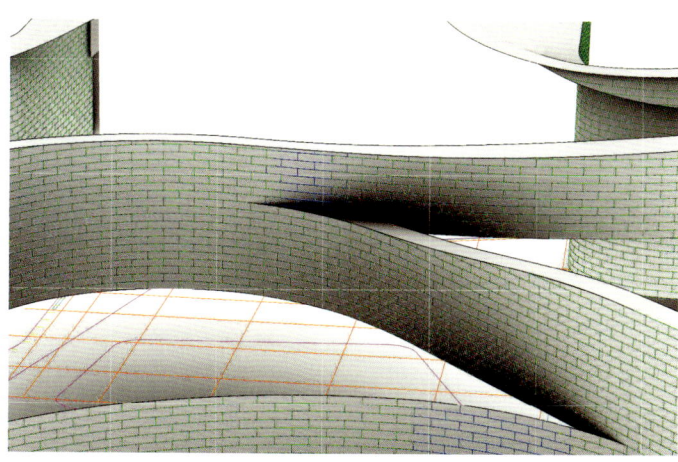

▲　穿孔板立面布置图三

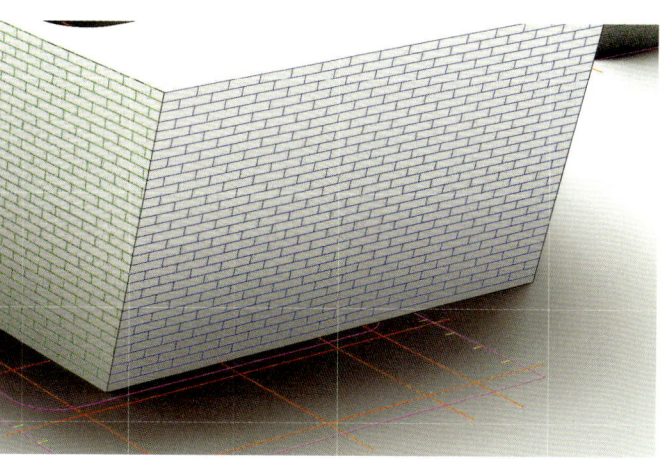

▲　穿孔板立面布置图四

# 剧场视线设计
Seat Arrangement

通过录入剧场轮廓、内部走道、视线升起参数（如排距、C 值、是否采用错排等），数字化模型可以立即生成视线升起模型，并且完成座椅布置。在方案扩初阶段，对比传统设计方式，采用该数字化设计技术，设计效率至少提升 4 ~ 5 倍，同时一些较难统计的技术指标也能快速获得，大大提升剧场设计速度。

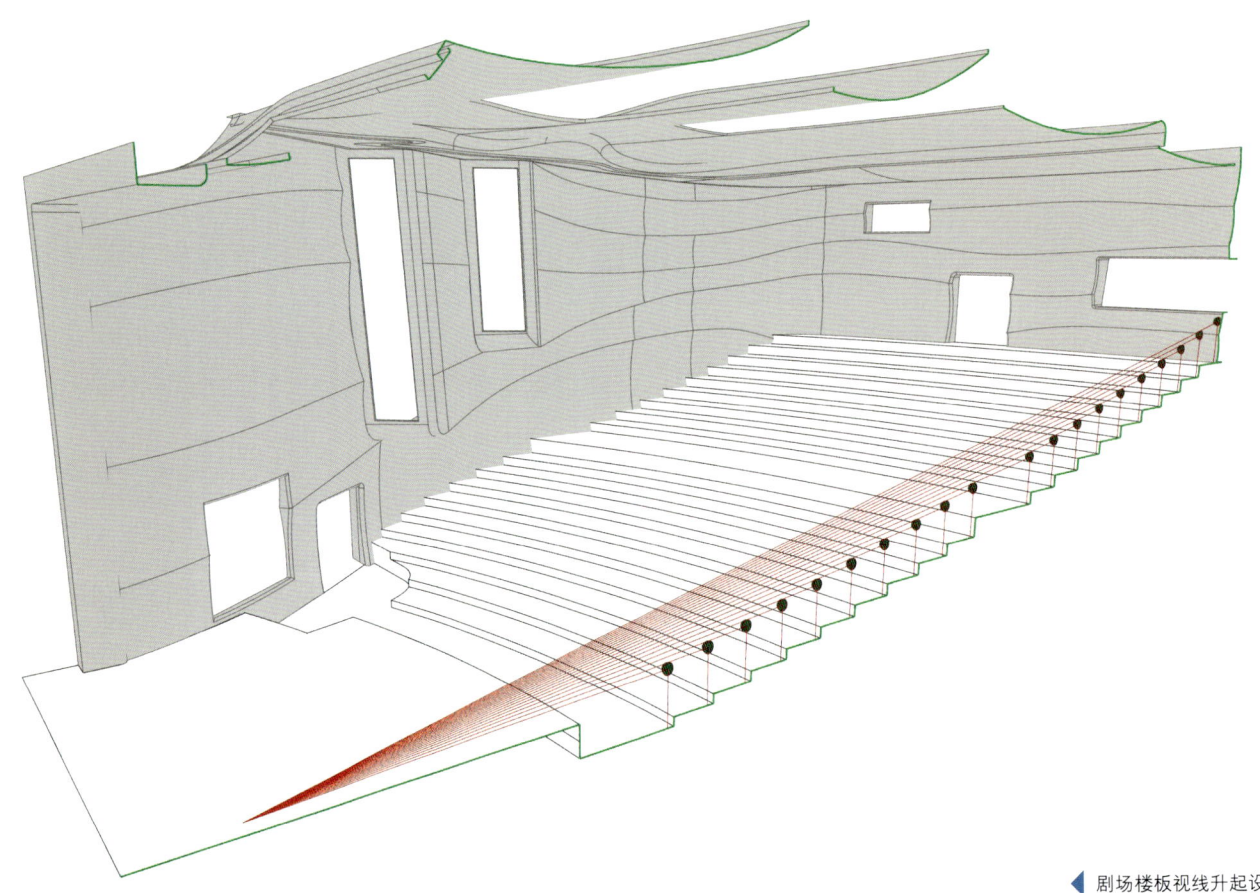

◀ 剧场楼板视线升起设计

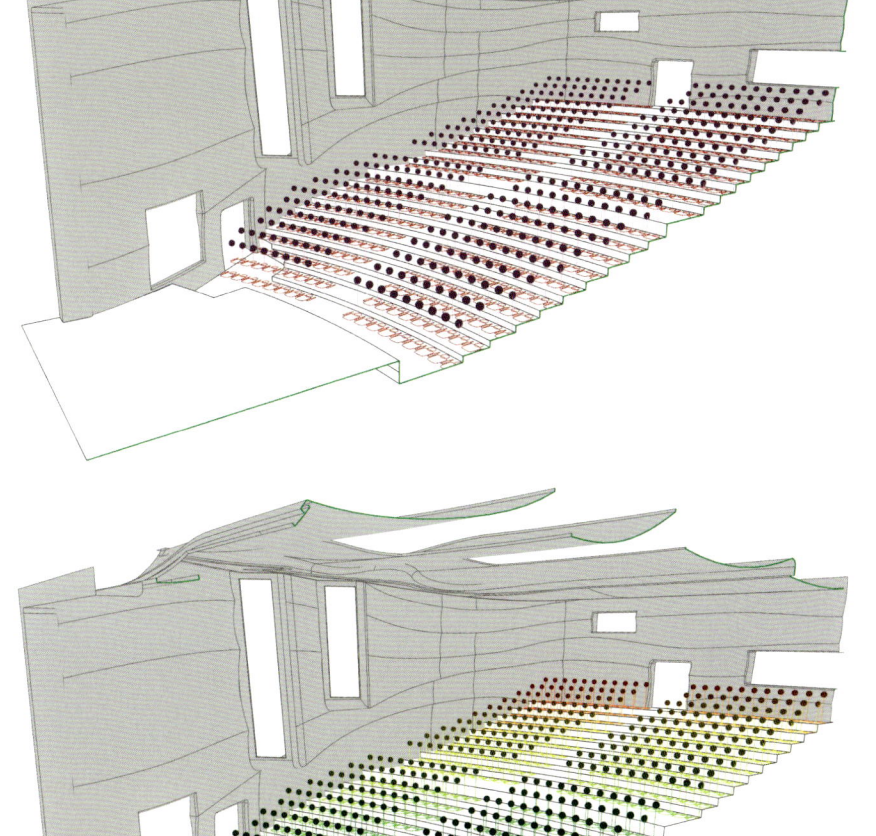

◀ 录入走道后，剧场座椅错排法排布

◀ 座椅价值评价（根据视线距离远近、舞台与提词屏视角
　差进行视线价值评价，也可以融合声学进行综合评价）

# 剧场观众厅数字化设计——声学设计
Digital Design of Theater - Acoustic Design

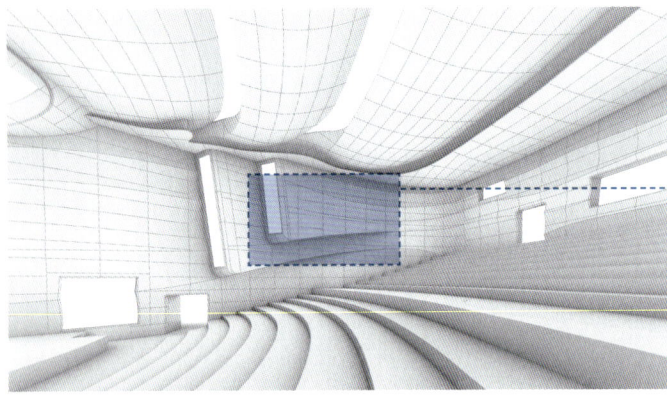

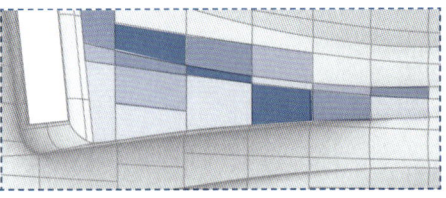

◀ 墙面分版

　　每块都是独一无二的定制板，大小不一拼合成海浪的曲线纹路。

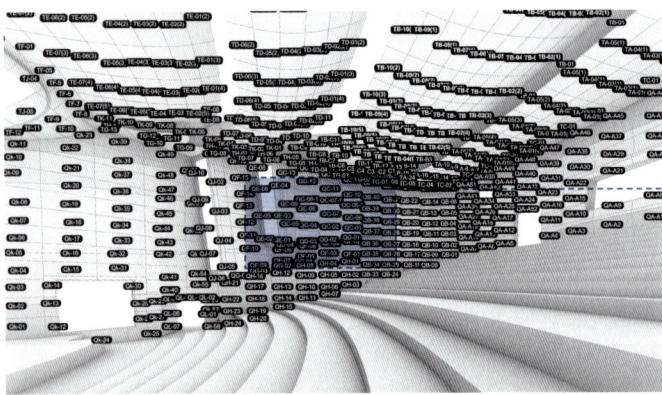

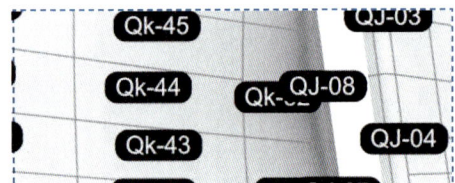

◀ 剧场观众厅部分墙面

　　每块墙面都拥有自己的编号，可在软件中更快捷地进行编辑。

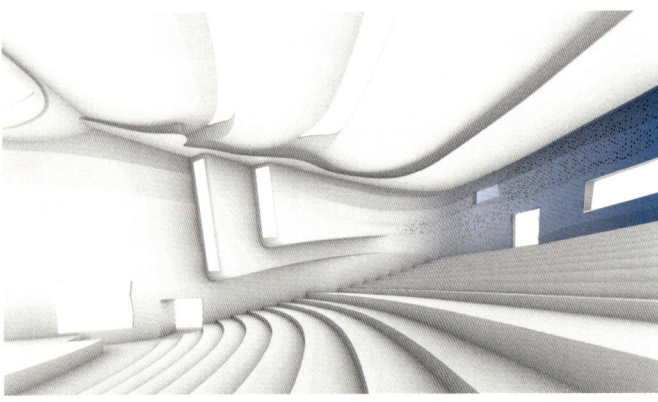

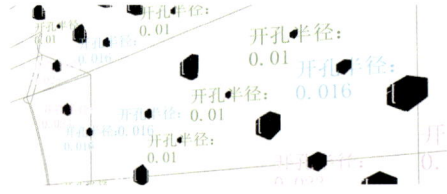

◀ 墙面吸声孔分布

　　吸声孔一共有 4 种大小，灵活排版，与墙面曲线结合，从密到疏排布，营造出一片星辰大海。

在剧场观众厅设计中，建筑声学是重要的设计内容。在青少年宫项目中，当整个剧场座椅、天棚、侧壁相关材料与造型基本确定后，声学顾问进行声学模拟计算，并将检测报告和计算后的模拟结果反馈给项目团队。设计师根据反馈结果，针对性地进行吸声和反射声的墙面开孔设计，结合设计主题——沙滩与星空，采用数字化设计手段，将后部墙面开出星河状的吸声孔，既满足空间吸声需求，又呼应了主题，最终达到声学与美学的平衡。

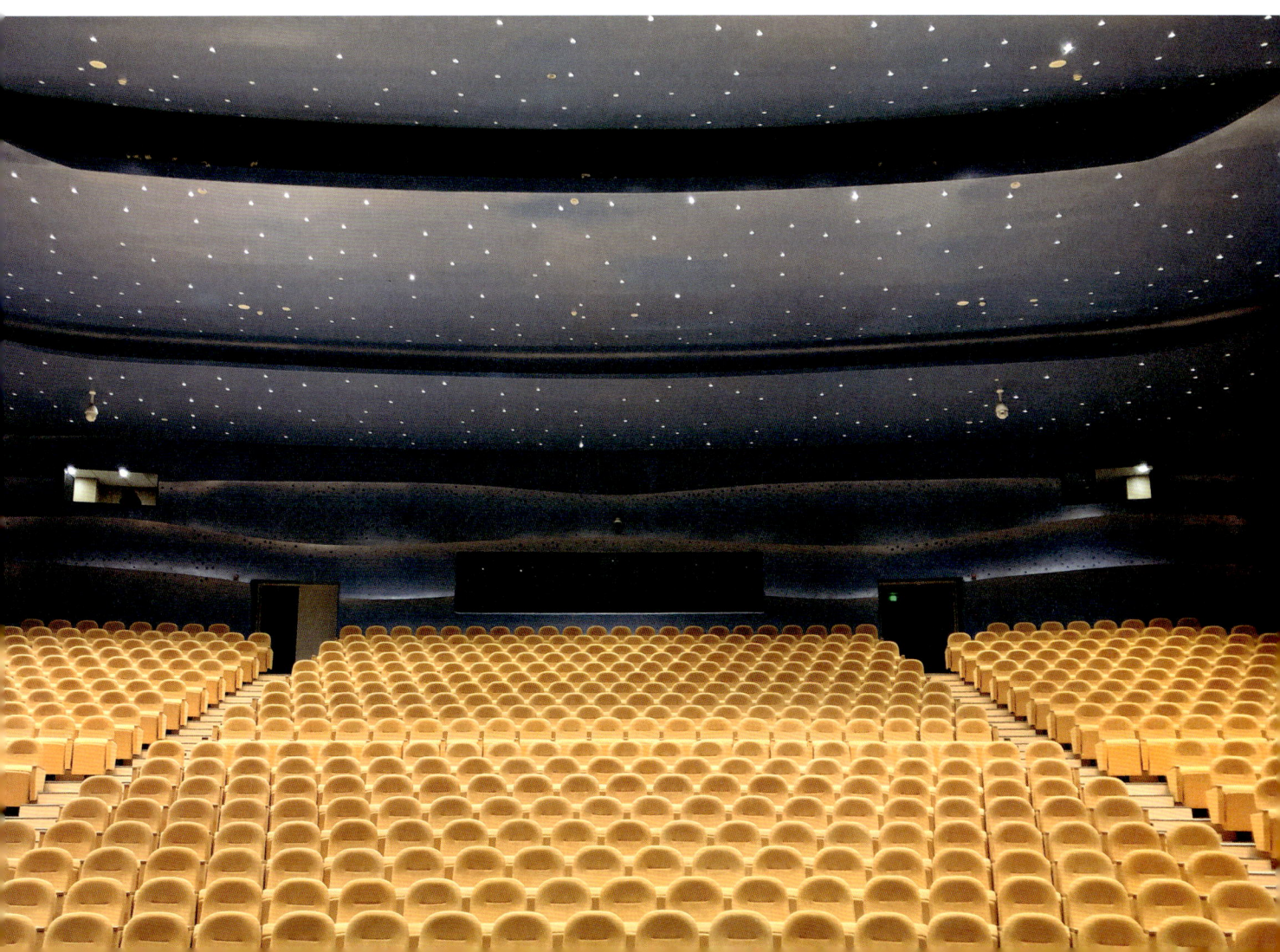

# BIM 设计应用
BIM Design

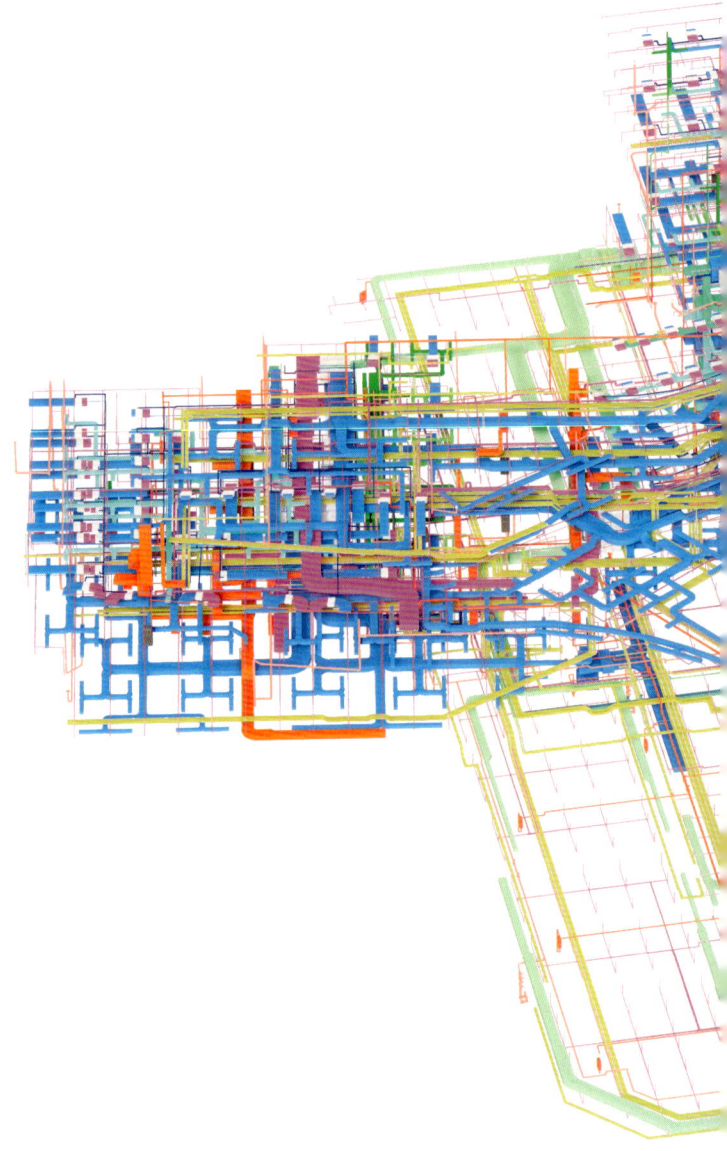

南沙青少年宫自由的建筑形态和复合的建筑功能，需要采用 BIM 技术进行综合管线深化设计。设计团队利用 BIM 技术对管线间和专各业间的碰撞、空间布置、检修空间、净高进行检测和优化协调，减少施工前期图纸中的错、漏、碰、缺，最终利用模型输出综合管线、剖面、预留洞等相关深化图纸，作为对原设计图纸的补充指导现场施工。

针对项目功能分区多的特点，设计团队利用土建 BIM 模型进行净空分析，保证项目机电安装条件与最后内装净空效果。管线的排布优化为内装效果提供了保障，保证各分区的使用效率。

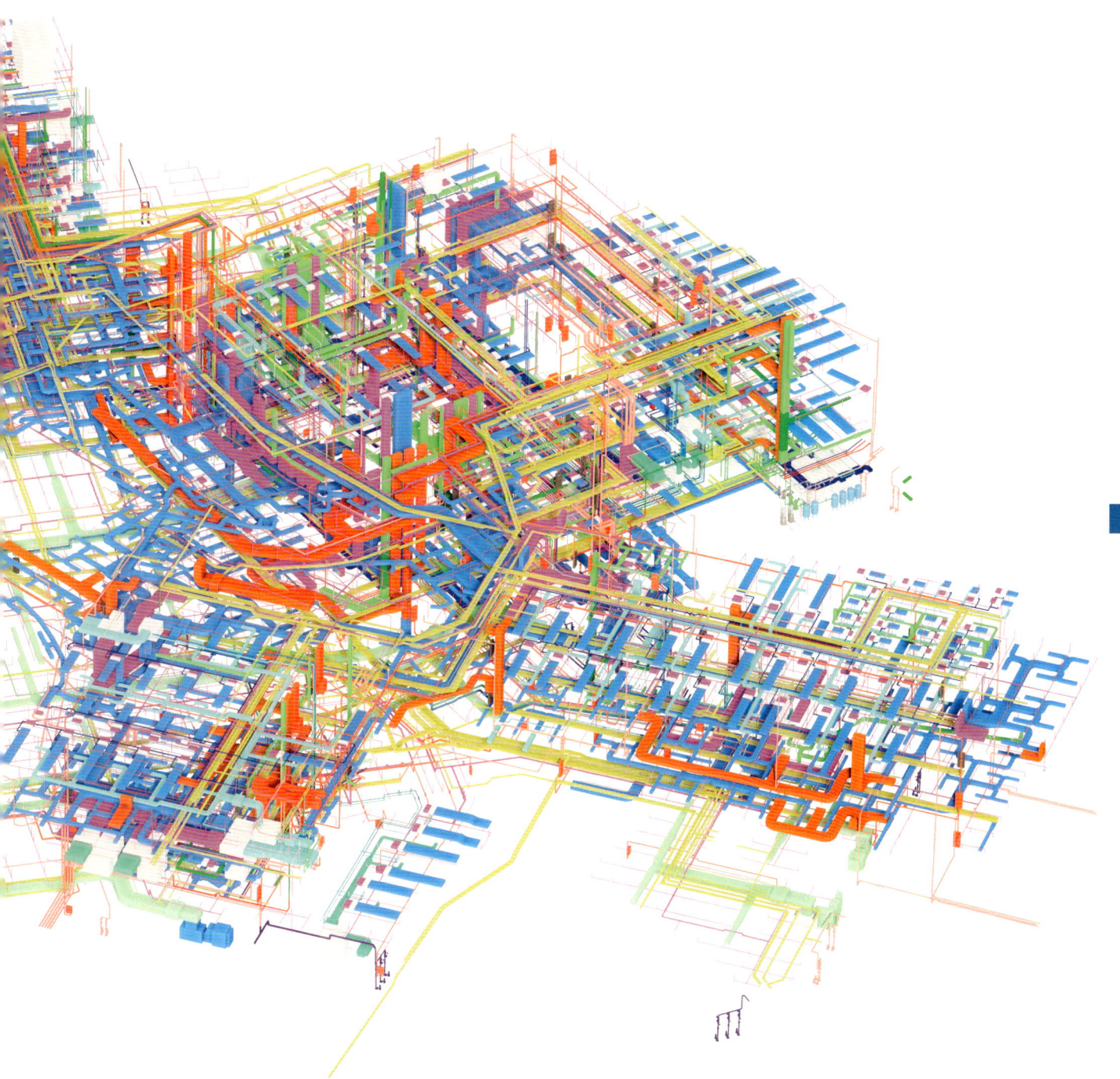

# 装配式设计应用
Fabricated Construction Design

南沙青少年宫是一个多功能集成的服务性公共建筑。根据其自身的建筑形式、文化属性，设计团队对传统认知上的装配式建筑概念加以分析并拓展，综合考虑建造与维护管养的需求，选择适当的技术和应用形式。项目装配式应用如下表所示。

广州南沙青少年宫装配式设计应用一览表

| 序号 | 类别 | 应用形式 | 应用部位分布 | 实施照片 |
|---|---|---|---|---|
| 1 | PC 构件 | 预制混凝土叠合板 | 二至五层 | |
| 2 | | 轻质预制承台模 | 所有桩基承台模 | |
| 3 | 钢结构 | 钢结构构架 / 框架体系 | 剧场上空钢结构构筑物，剧场屋面大跨钢结构，东侧和南侧三至五层钢结构悬挑部分 | |
| 4 | | 钢骨混凝土体系 | 东侧、南侧钢结构体系与混凝土体系交界处的劲性梁、劲性柱、劲性斜撑 | — |
| 5 | | 钢管混凝土体系 | 空腹桁架周边柱、南侧局部 | — |
| 6 | | 钢结构支撑体系 | 各肢端的屈曲约束支撑 | |
| 7 | | 钢结构空腹桁架体系 | 三、四层钢结构平台 | |
| 8 | | 钢结构悬索体系 | 二层南侧主入口大厅上空的钢结构连廊 | |
| 9 | 钢结构 | 钢筋桁架楼承板 | 所有钢结构体系对应的楼面板 | |
| 10 | | 钢结构楼梯 | 中庭公共区域部分直梯和旋转楼梯 | — |

续表

| 序号 | 类别 | 应用形式 | 应用部位分布 | 实施照片 |
|---|---|---|---|---|
| 11 | 幕墙 | 玻璃幕墙 | 海星各肢端、南向主入口展示面、首层部分区域 | |
| 12 | | 穿孔复合铝板幕墙 | 最外层遮阳铝板 | |
| 13 | | 屋顶穿孔铝板 | 屋顶穿孔铝板 | |
| 14 | | 光伏玻璃幕墙 | 屋顶光伏玻璃幕墙 | |
| 15 | | 室外镜面不锈钢吊顶 | 室外吊顶 | |
| 16 | | GRC | 东南角部位 | |
| 17 | | 陶板幕墙 | 北侧次要立面和首层局部 | |
| 18 | 机电安装 | 装配式机房 | 地下室冷冻机房、冷冻水泵房 | |
| 19 | 景观园林 | 成品室外线性排水 | 室外顶板范围外的排水沟 | |

# NEW EXAMPLE OF GREEN LOW-CARBON BUILDING

## 绿色低碳建筑的新范例

绿色建筑是时代赋予我们的命题，是站在当下对未来负责任的思考。设计团队除了在项目中运用大量绿色建筑技术外，更希望将绿色技术融于建筑，融于空间，融于自然中，让项目成为环保教育和展示的窗口。

Green building is a proposition given to us by the times. It is a responsible thinking of the future from present. In addition to using a lot of green building technology, we hope to integrate green technology into architecture, space and nature, so as to make the project a window for environmental protection education and exhibition.

# 国家绿色建筑三星
3-star Green Buildings Performance

"一方水土养一方人"，事实上，一方气候也造就了一方建筑。岭南建筑因其具有丰富的人文及地域特性而独树一帜；如何延续并发扬"岭南性"是建筑师在南粤大地进行建筑设计创作不可回避的课题和使命。

岭南建筑的独特性尤其表现在对岭南气候的适应性，以及对于自然条件的"巧于因借"。在南沙青少年宫的创作中，设计团队一方面从传统的岭南建筑的"冷巷""穿堂风"等空间中吸取智慧，以营造舒适宜人的半户外空间，另一方面采用先进的绿色建筑设计技术，利用 CFD（计算流体动力学）通风模拟技术优化建筑的形体，化解大体量建筑中可能出现的自然通风效果较差或是造成大面积"风影区"的问题，使建筑更适应岭南湿热的气候。

设计团队对声、光、热、水、电、暖等建筑物理条件也高度关注。南沙青少年宫项目以 81.57 分获得了国家绿色建筑三星级设计标识认证（参评时间 2019 年 3 月 21 日，分项评价及得分详见附录《绿色建筑设计审查表》）。该项殊荣的获得是对项目采用的绿色建筑技术的肯定。考虑到青少年宫在教育领域的影响力，这项荣誉对于绿色建筑技术的推广和科普有着更为深远的意义。

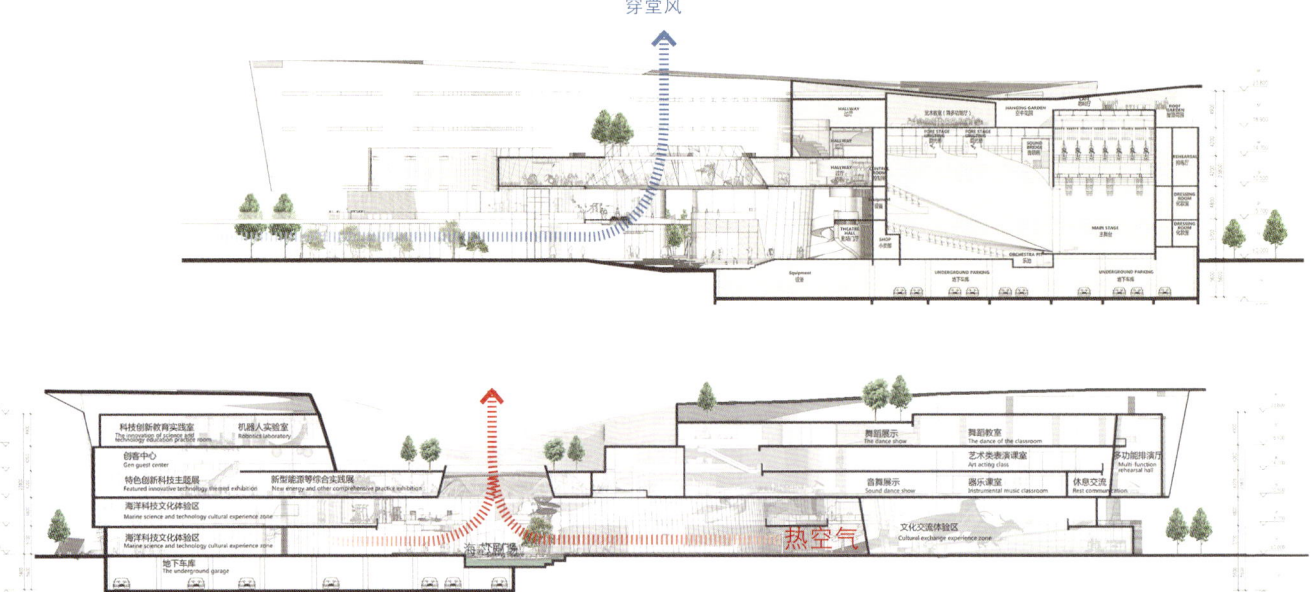

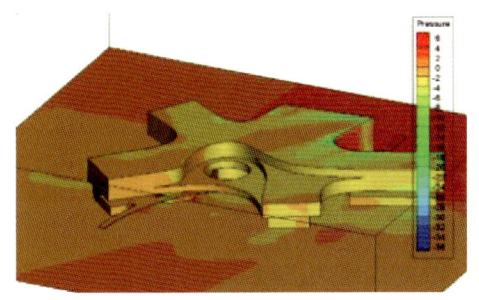

冬季典型风（建筑外表压力分布图）

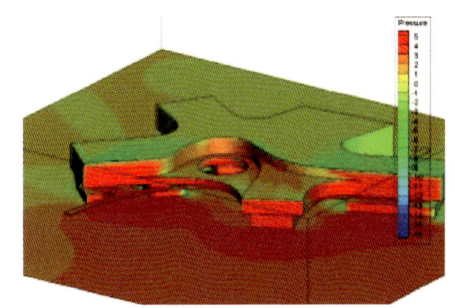

夏季典型风（建筑外表压力分布图）

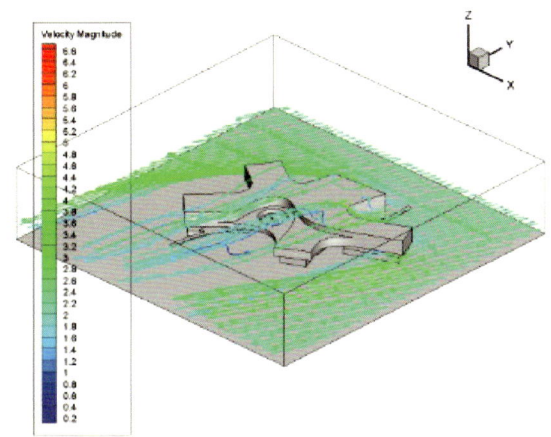

冬季典型风（水平切面流线图）

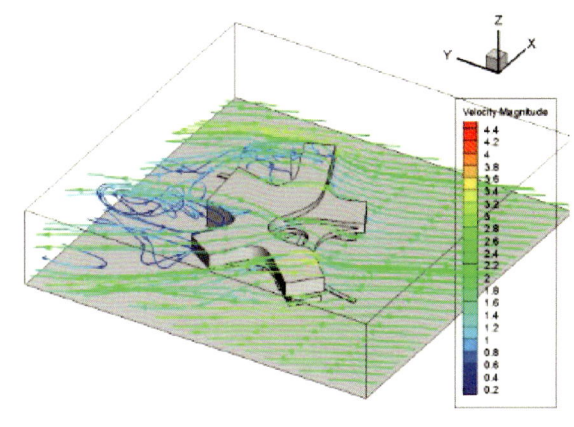

夏季典型风（水平切面流线图）

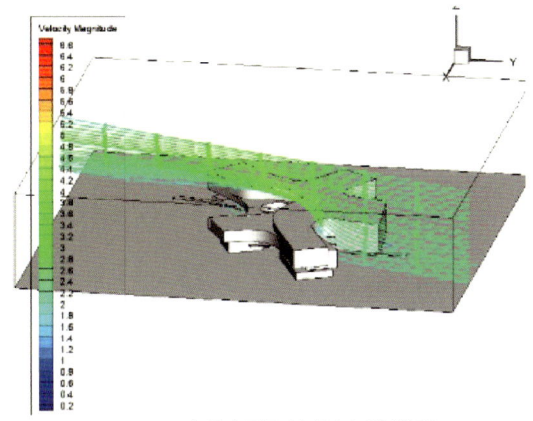

冬季典型风（水平切面流线图）

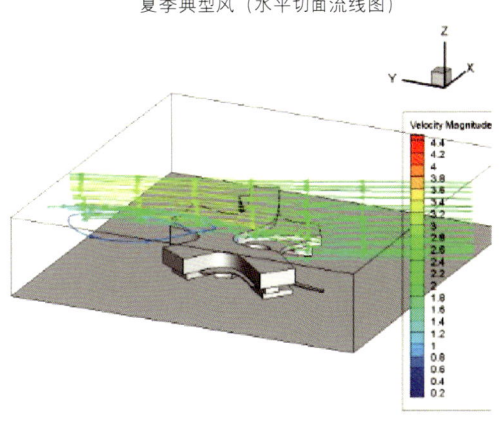

夏季典型风（水平切面流线图）

# 融合教学功能的绿色设计

Combination of Green Design and Instructional Functions

运用绿色节能技术，不只是满足功能的需求，更是从小培育孩童环保理念的机遇，让教育建筑本身能够教育孩子。设计通过对风、光、声、雨水、植物等自然条件的调节和运用，使这些大自然的馈赠能够激发孩童灵感，成为他们求知过程中的生动案例及完美教具。

## 光的遮挡与利用：可调节遮阳板与太阳能光伏板的运用

南沙地区属于亚热带季风性海洋气候，夏长冬短，夏季炎热多雨，日照时间长，太阳辐射大。基于这样的气候特点，在方案的概念设计阶段，设计团队进行了日照分析模拟，根据结果优化建筑造型，使得变化的形体能够形成自遮挡。同时根据太阳辐射强度大小合理布置绿色植物，把喜阳的植物安排在室外太阳辐射强度较大的区域，对建筑形成一定的遮挡，以减少夏日建筑室内的空调能耗；把喜阴的植物安排在阴影区，既可以提高绿植的成活率，又可以减少后期运营成本。

透过透明围护结构的太阳辐射是造成室内温度升高的重要原因，在透明围护结构处设置外遮阳设施可以有效降低辐射得热；而从兼顾冬夏的角度考虑，遮阳应具有可调节能力。因此南沙青少年宫项目采用了高反射窗帘（内部）与穿孔铝板（外部）结合的可调节遮阳措施，经过计算，可调节的遮阳比例为 50.5%，在绿色建筑设计审查的"室内环境质量"专项评价中获得满分。

此外，光热也可以成为积极利用的资源。在青少年宫五层屋面天窗处，安装光伏薄膜遮阳板，能够把照射到屋顶的太阳能最大转化成 4kW 的电能供场馆使用。孩童们通过五层通往屋顶平台的坡道即可近距离地观察到这一节能构造。光伏幕墙作为环保科技的展示教具，可帮助孩童建立能源流动的思想。

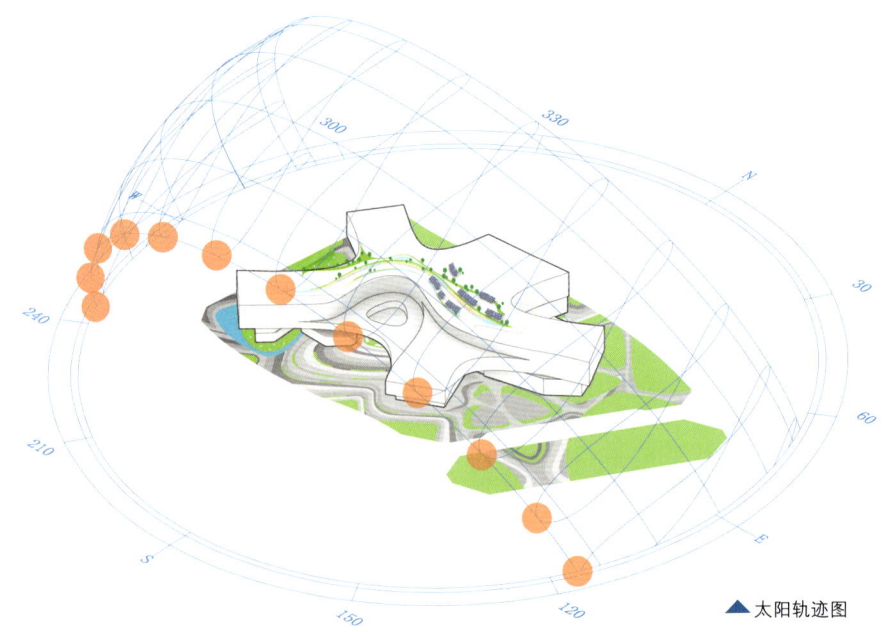

▲ 太阳轨迹图

## 雨水回收利用

　　为了满足海绵城市的设计要求，景观设计中设置了下凹式绿地及雨水花园，使得流经地面的雨水能够最大限度被收集起来。雨水被收集至入口的景观水池。这一水池与海洋体验馆的航模赛道相连，是孩童们进行航模演练的场所。屋顶及各室外平台通过合理衔接和引导，使得雨水能够被有效地疏导及回收，这些中水用于绿化灌溉、道路冲洗、洗车及卫生间冲厕。

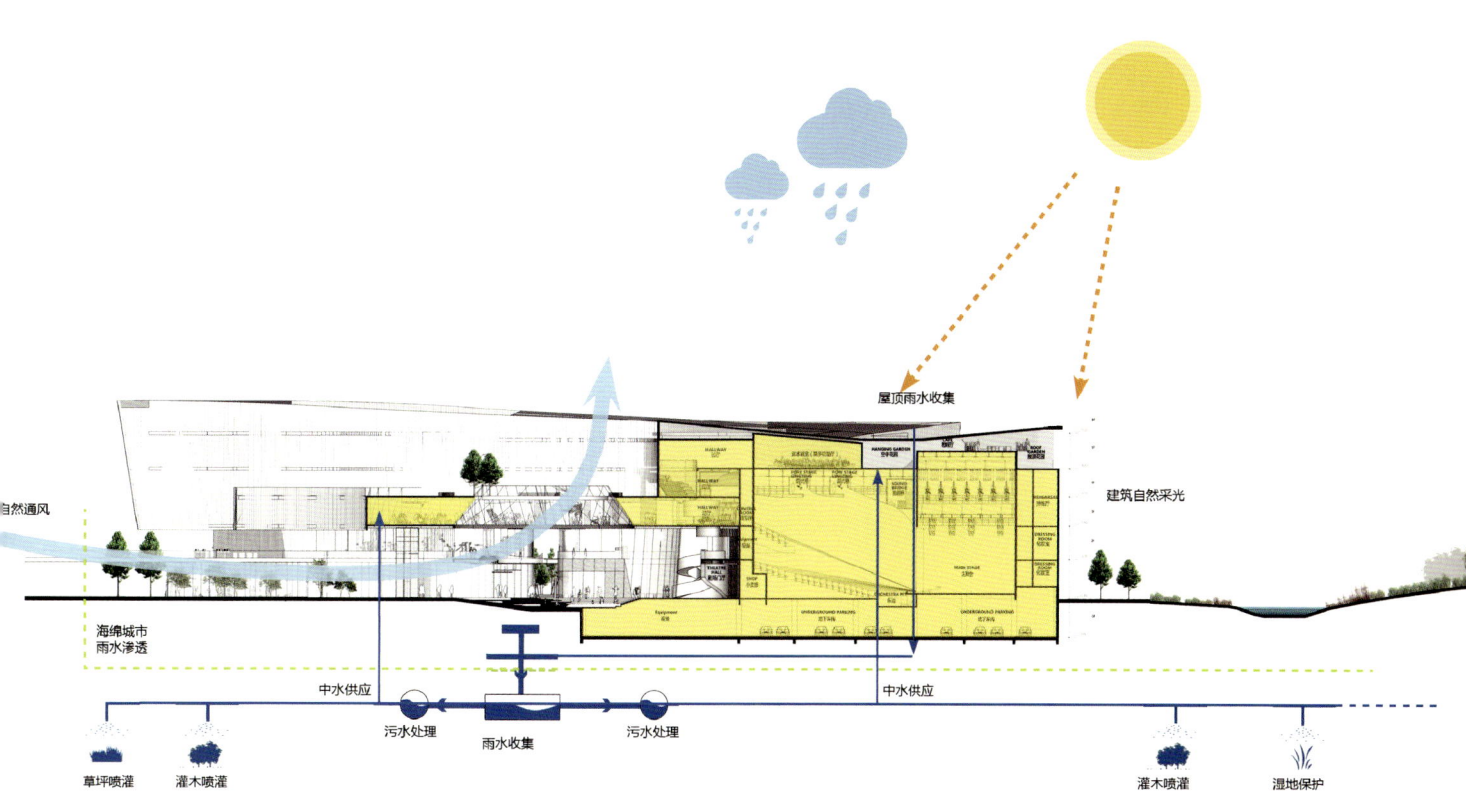

# 低影响的海绵城市措施

The Measures of Sponge City

　　设计高度践行海绵城市的导向目标，让低影响开发思路融贯整个场地。设计尊重自然，追求低投入、低维护的同时，注重人性化的自然体验和互动参与，让景观促进生活美好。

　　室外场地的雨水设计重现期为 3 年，综合径流系数为 0.49。通过透水铺装、下凹式绿地、雨水调蓄池等一系列海绵城市措施，实现场地雨水径流控制、收集以及利用，为停车场地面冲洗、道路冲洗、绿化灌溉提供用水。

　　其中，有调蓄雨水功能的绿地和水体的面积之和占绿地面积的比例达到 50%，硬质铺装地面中透水铺装面积的比例达到 70%，室外雨水调蓄池有效容积 410m³，满足《广州市建设项目雨水径流控制办法》的要求。

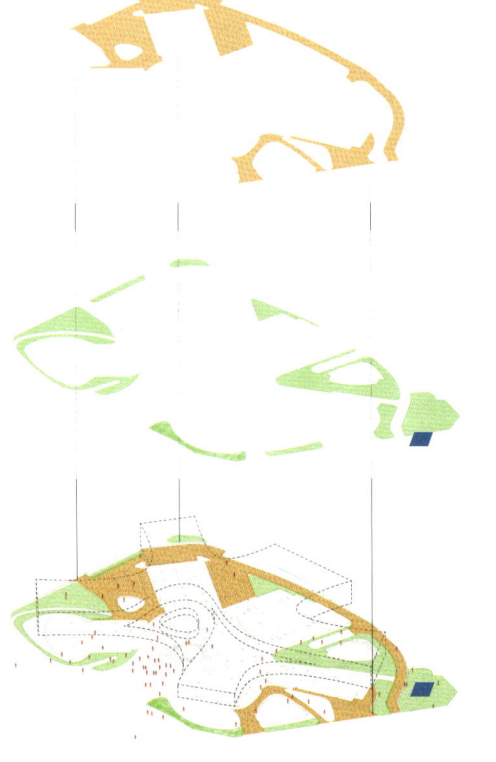

**70%**

透水铺装率

**50%**

下凹式绿地

雨水回收

**0.49**

综合径流系数

户外自然课堂满足园艺科普、海绵城市科普的需求，同时能积极引导
儿童走出课室，接触自然。

园艺科普

降雨

自然花园

蒸发

绿化灌溉补水

下凹绿地自然下渗

工程剩余碎石荒料

溢流传输

# 细致入微的植物空间塑造
## Planting Design

儿童拥有向往自然和好奇的天性，一个好的户外空间环境离不开植物的空间营造。青少年宫绿地将向公众开放，绿化设计不设绿篱，营造内外通透、开放可达的空间。设计师在植物空间营造上坚持以下四点原则：

### 乡土适生

植物设计之初，设计师们对南沙明珠湾起步区三江两岸新栽植物进行调研总结，并根据广州市南沙区农林局《优良适生植物推介》筛选适生骨架树种。适生树种适应性强、抗病性好等先天自然优势，既能保证良好的植物效果，还能充分体现地方特色，也是构建稳定生态系统的基础。

### 无毒无害

考虑到隐性安全要求，植物设计上禁止种植有毒、有刺、易过敏、有飞絮的植物，如夹竹桃、绣球花、曼陀罗、南天竹、杜鹃花等。

### 色彩丰富

自然类活动场地对儿童吸引力较高，而色彩丰富的植物设计能让人产生兴奋、好奇和积极向上的情绪，明快的色彩能够吸引儿童，使之愿意在这样的环境中玩耍。

### 融教于乐

设计结合建筑功能特性及使用需求，种植花果类以及观赏草类植物，既能满足儿童生理和心理的特点，也能让儿童从中获得游乐兴趣与常识教育。好的活动场地是儿童成长、放松的重要场所，好的植物空间营造对儿童会有潜移默化的启发作用，可以培养其创造力、想象力和合作能力。

南沙明珠湾起步区三江两岸新栽植物调研，筛选适生骨架树种

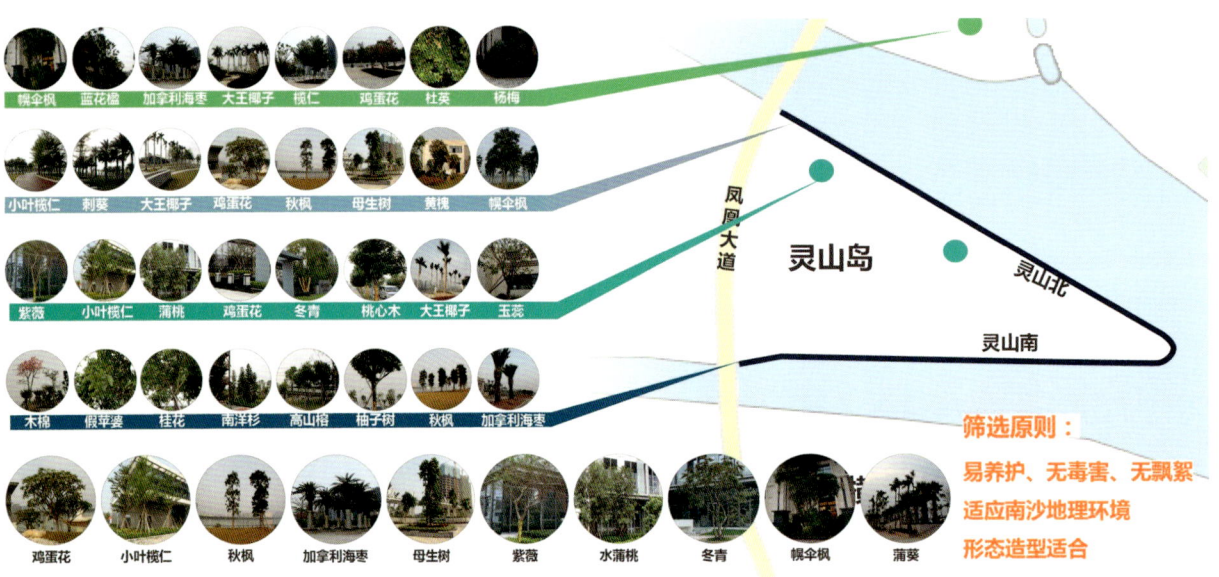

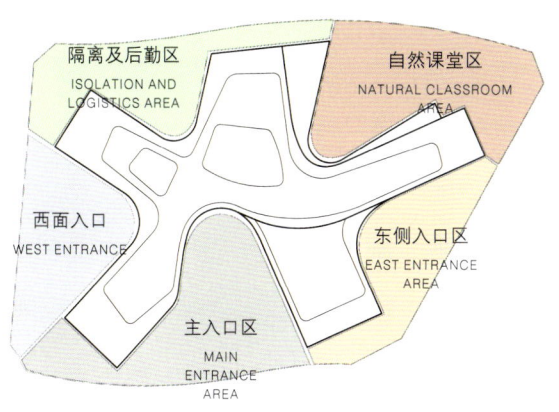

主入口区
草坪 + 点景树
以简洁的手法呈现主入口空间的大气，预留广场公共活动空间

西面入口
以小叶榄仁列植，形成序列空间，引导流线

隔离及后勤区
以浓密冠幅的常绿树种为主，满足夏季遮荫需求

自然课堂区
以花果类乔木搭建空间基调，精选多年生草本植物作科普展示

东侧入口区
植物组团点景式种植定义空间，草景片植形成空间特色

## 色彩植物

黄花风铃木
花期：3 ~ 4 月

大腹木棉
花期：冬季

红花鸡蛋花
花期：5 ~ 11 月

宫粉紫荆
花期：3 ~ 4 月

## 香氛植物

桂花

薄荷

艾草

花叶良姜

## 果实植物

杨梅树
果期：6 ~ 7 月

红果冬青
果期：10 月 ~
翌年 4 月

洋蒲桃树
果期：5 ~ 6 月

柚子树
果期：9 ~ 12 月

## 寓意植物

铜钱草
寓意财富

白掌
寓意一帆风顺

酢浆草
寓意幸运

葱兰
寓意纯真

# 设计回响 3
POST-EVELUATION

# 领导关怀

Attentive care by Relevant officials

南沙青少年宫作为南沙区最具规模的综合性儿童文化教育场所，自方案投标、建造、落成至投入使用，一直引来社会各界的广泛关注，也得到了南沙区各职能部门及各界的大力支持。广州市及南沙区有关领导多次率团参观视察南沙青少年宫的建设现场，以确保工程能够如期高质量地落成，为南沙乃至大湾区的青少年提供一个综合性、示范性的国际青少年交流活动平台。

南沙青少年宫也不负众望，因其高质量的设计品质及工程技术管理水平，在设计、质量及安全、工程技术创新等方面都得到了行业的专业认定，获得了众多奖项。

▲ 时任广州市住房和城乡建设局总工程师赖慧芳一行视察

▲ 时任广州市人大常委会主任陈建华带队调研

▲ 时任广州市南沙区人大常委会主任张谭均带队视察

▲ 时任广州市委常委、南沙区委书记蔡朝林带队调研

| 序号 | 奖项类别 | 奖项及荣誉 |
|---|---|---|
| 1 | 建筑设计 | 2021 年 ADA 年度亚洲设计大奖 |
| 2 | | 2021 年国家优质工程奖 |
| 3 | 结构设计 | 2020 年广州市建设工程结构优质奖 |
| 4 | | 2020 年广东省建设工程优质结构奖 |
| 5 | 安全管理 | 2019 年广东省房屋市政工程安全生产文明施工示范工地 |
| 6 | | 2019 年广东省建设工程项目施工安全生产标准化工地 |
| 7 | 设计管理 | 2019 年绿色建筑设计三星级 |
| 8 | BIM 成果 | 2018 年广东省 BIM 联盟建筑信息技术应用大赛 |
| 9 | | 2018 年广州市工匠杯金奖 |
| 10 | | 2019 年第八届〝龙图杯〞设计组三等奖 |
| 11 | | 2019 年第八届〝龙图杯〞施工组三等奖 |
| 12 | | 2019 年第五届〝科创杯〞BIM 大赛综合组一等奖 |
| 13 | | 2019 年第四届中国工程建设 BIM 大赛二等奖 |
| 14 | | 2019 年第二届〝优路杯〞全国 BIM 技术大赛综合组银奖 |
| 15 | | 2019 年首届〝物联杯〞IoT+BIM 设计运维大赛文化建筑三等奖 |
| 16 | 示范工程 | 2018 年中国建筑第三工程局科技推广示范工程 |
| 17 | | 2019 年广东省建筑业绿色施工示范工程 |
| 18 | 科技成果鉴定 | 大跨度双层空腹异形桁架整体提升技术 |
| 19 | | 大跨度异形钢箱梁 + 斜拉索连廊施工技术 |
| 20 | | 剧场大跨度钢结构地面拼装及电动葫芦配合整体提升施工技术 |
| 21 | | 可周转无下槛门临时防护地锁装置设计及安装施工技术 |
| 22 | 省级工法 | 大跨度双层空腹异形桁架整体提升施工工法 |
| 23 | | 大跨度异形钢箱梁 + 斜拉索连廊施工工法 |
| 24 | 科学技术奖 | 2020 年（第八届）广东省土木建筑学会科学技术奖三等奖 |

（截至 2022 年 3 月）

# 项目回访
Project Revisit

受 2020 年新冠疫情的影响，原本在 2019 年年末已经完成工程验收的南沙青少年宫，经历了大半年时间的等待，终于在 2020 年 9 月向公众揭开面纱，逐步投入使用。

设计团队曾于 2020 年 3 月及 12 月造访南沙青少年宫，与年初刚竣工时冷冷清清的环境相比，投入使用的青少年宫俨然已经成为凤凰大道附近最具有活力的场所。原本还是工地的周边，几年内伴随着青少年宫一起快速建设，住宅片区与城市公园日趋完善，越来越接近当初构想的城市环境。从凤凰大道西侧进入，七彩斑斓的"南沙青少年宫"标识便映入眼帘，提示着场馆的入口。周末的海芯广场气氛分外活跃，既有带小孩来上课的家长，也有利用室外广场练习轮滑的学生团体，其中也不乏只是住在附近来这边散步休憩的居民。来馆者从幼儿到老年，各个年龄段都有。室外的小剧场通过镜面把广场上的活动投射到顶棚，地面与天空浑然一体，呈现生机勃勃的使用场景。

进入门厅后，入口右方有相当开阔的供家长休息等候的区域，有别于以往的青少年公共空间，南沙青少年宫的设计兼顾了陪同前来的家长的使用诉求，在首层设置了咖啡和读书区域，在五层设置了对外开放使用的健身房，以供家长们有效地利用等候孩童的时间。目前这些设施因尚在寻找运营方而未完全投入使用。而原本设计中考虑从室外广场能够直通三层教学区域的电梯，也出于疫情管控及安全的考虑，尚未开放使用。

通过通高门厅即到达二层的海星剧场，剧场入口附近竖立着若干海报。作为南沙青少年宫占地面积最大、纵跨 3 层的综合性剧场，自投入使用以来，海星剧场已经承办了"广东省艺术节""南沙社区文化节"等多个大型文艺活动的表演活动。剧场服务于青少年宫，也向社会开放使用。

进入到三至五层教学区域，不同类型的教室被安排在不同色彩的指端中。课程间隙，小朋友就像鱼群一样从规整的教室空间中游移到线性的公共空间区域。与一般的公共建筑相比，这里有着比较大的自由度。人们可以跟随午后阳光在室内流淌的轨迹，自由地选择舒适的角落活动或停留。小孩在这些开阔的场地追逐光影跑动，V 形柱周围也不乏倚靠休息的人们……还有种种设计时尚未完全预期的一些使用活动场景，人们的活动使得空间变得更鲜活也更完整，整个公共空间既像公园又像城市里的室外公共空间。

如何通过宽松的设计以及适度的留白，让青少年有更多自由活动的空间，从而激发其创造性是南沙青少年宫设计中贯彻始终的课题。对这个话题的探讨不应该局限于设计师一方，而应该与使用方、运营方充分沟通，才有可能把构想变成可以实施操作的现实。

据青少年宫的工作人员统计，南沙青少年宫自 3 月以来已经开设了书画棋艺类、武术类、音乐器乐类、科技类、舞蹈类课程共 127 班，招生人数超 3000 人。2021 年 3 月份春学期，青少年宫将迎来全面复课，增设国学、动漫、人工智能、科技创客等多项特色课程，共开设 265 个培训班次，预计招生逾 6000 名学员。青少年宫负责教学的黎老师告诉我们，春学期的课程报名火爆，很多课程一席难求。投入使用中的南沙青少年宫，正逐步成为南沙乃至粤港澳大湾区最具有影响力的青少年交流教学平台。

▲ 棋艺课堂

▲ 中国舞课堂

▲ 图书馆

▲ 课间走廊

▲ 爵士舞课堂

▲ 贝尔少儿冒险训练营

▲ 跆拳道课堂

▲ 绘画课堂

▲ 公共空间

▲ 图书馆螺旋梯

▲ 广东省艺术节宣传海报

▲ 家长休息区

# 用户访谈
User Interview

## 与管理者的访谈

现在海星剧场的儿童使用情况如何？

现在海星剧场使用者不限于儿童。剧场使用包括出租给校园晚会、教师招聘、年会、总结会等，不同场合对剧场布置要求不同，所以不完全是儿童剧场。

教学区儿童使用情况如何？

教学区的各类教室非常受欢迎。平均每期报名的学生人数在 4000 人左右。因为整个南沙区现有的课外教学区域除了青少年宫以外很少，附近有课外艺术培训需求的家长们大都带孩子来青少年宫参加培训。不过，也有一些教室的设施还不够完善，例如书法教室缺少洗笔池，储藏室还不太够，许多教学家具和办公用品没地方放。

孩子们是否喜欢各类特色公共空间？

室内区域的休憩区、阅览区都很受欢迎，经常会出现座椅不够用的情况，因为有很多来带孩子上课的家长会在公共区域等小孩下课。但临空区域大多没有开放，包括入口二层的丝带飞廊、三四层的观景阳台及室外花园尚未开放投入使用。考虑到儿童的使用安全，运营方暂时不考虑将这些临空区域投入使用。还有一个比较可惜的地方是首层的自动扶梯目前也没有投入使用，因为没有门禁控制，非常难管理。

现在出现过什么管理上的问题吗？

有几次小朋友跑到监控死角里找不到人的情况，好在最后由工作人员找到了。

看到现在内部设置了大量电子检索屏幕，不知道这些设备是否实用？

电子屏幕是由科协赠送的科普知识屏，对于儿童来说是一个趣味阅读的机会；不过屏幕内容与青少年宫内部课程无关，电子屏幕与青少年宫的信息联通功能还有待开发。

## 与使用者的访谈

您是如何了解到青少年宫的?

是通过微信公众号了解到这里有培训班的。两个小孩子都上学了，想要上一些艺术培训班，就来这里报名了。

您会经常使用这里公共休息区的座椅吗?

我来接小孩放学的时候会用。中午给小孩子带饭也会在这边吃饭。另外妹妹如果先放学了也会在这里写作业等哥哥放学，然后一起回家。

您对这里是否满意?

挺好的，环境挺好的。

现在不上课的时候，您是否会带孩子来这边玩?

不会，我们不住在附近，只有上课的时候会过来。

▲　南沙青少年宫所获荣誉（2021 年 1 月）

▲　未开放的丝带飞廊

▲　科普电子屏

# 媒体报道
## Media Coverage

### "海星"满天，南沙青少年宫进入验收期，我们率先探营！

广州南沙发布　2020-01-03

点击上方 "广州南沙发布" 关注我们

最新消息！
"海星"南沙青少年宫落成并进入验收期，
预计本月可完成验收顺利移交
里面长什么样？
小南率先带你瞧一瞧~

01:30

### 第十四届广东省艺术节遇见南沙新青少年宫

萌妹玩的刻妈妈　萤火虫搭小舞台　2020-11-28

今晚有幸带女儿一起在南沙青少年宫，观看了第十四届广东省艺术节，节目相当精彩，老少皆宜，满足不同人群的精神文化需求。艺术来源于生活，却高于生活。因为艺术把生活的原形浓缩提炼，通过演绎者表达的更极致。它是美的，是纯粹的。

### 【AT】开放空间与游走路径——广州南沙青少年宫设计

Original　34万粉丝点击关注　AT建筑技艺

2020-09-20

收录于话题　　　　　8个 >
#技艺成就建筑之美

### 开放空间与游走路径
#### ——广州南沙青少年宫设计

刘艺　王珏　朱健　刘梦豪
中国建筑西南设计研究院有限公司

### 美爆了！南沙区少年宫新宫正式启用！

活在南沙　2020-07-29

吃喝玩乐　活在南沙
深度服务南沙人 一站式新媒体矩阵

各位南沙街坊！又有好消息！
7月28日上午，
南沙区少年宫举行新宫正式启用活动。
南沙副区长孙勇参加活动。
放暑假的娃娃们又有新去处啦！

广州美食生活圈

【哇~南沙区少年宫新馆太靓！】南沙区少年宫新馆正式启用！场馆主体结构摄取海洋元素，整体为海星造型，分为A、B、C、D、E五个"胶端"，涵盖多功能儿童剧场、文化交流展厅、图书馆、科技互动展厅、报告厅、教学用房等多个功能区域。预计9月份可基本实现在新馆开班教学。忍不住搓搓手期待了~

2020年08月02日 18:30 来自 皮皮时光机

广州交通电台 V

【湾区新建"海星"带你探营南沙青少年宫】#广州爆料# 以"海星"为造型的南沙区青少年宫进入验收期，预计本月完成验收，将为#粤港澳大湾区#青少年提供优质教育服务。记者马俊健带你提前去探营。#广州身边事# 口广州交通电台的微博视频

## 【首发】"海星建筑"南沙青少年宫崭露真容

Original   脸谱   一方观筑   2019-11-18

收录于话题                          46个 ＞
#ALUCOBOND ACM

愿你出走半生，归来仍是少年；
不是少年也是青年。

日前，与"功夫海螺"南沙体育馆对街相望

## 南沙少年宫海星剧场倾情上演《大海的回声》！

南沙有咩   3 days ago

夏夜里的南沙，灯光璀璨。7月29日晚，以冼星海生平事迹为原型创作的大型诗歌剧《大海的回声》在广州南沙少年宫海星剧场倾情上演。

图片来源：触电新闻网

该剧再现了冼星海在延安以音乐为武器开展

## 惊呆了！广州这个青少年宫项目在BIM技术应用下化身"陆地海星"！

筑龙BIM   2019-12-31

来源：网络
版权归原作者所有
如有侵权请联系删除

BIM干货分享   关注

bim工程师

## BIM案例｜南沙青少年宫项目

本项目位于广州市南沙区明珠湾区内，建筑层数为地上五层，地下一层。项目按照绿色建筑三星标准进行设计，采用BIM技术及装配式施工技术，全程绿色环保施工。
一、无人机应用
项目将无人机拍摄的高清图片，通过BIM软件建立现场实际的BIM总平模型。与原有总平BIM模型对比并及时调整，同时根据现场实际情况及时调整，保障总平管理的科学性。
二、施工BIM深化设计
1、设计阶段碰撞检查

附录

APPENDIX

# RELATED PAPERS

## 附录一　相关论文

《开放空间与游走路径——广州南沙青少年宫设计》
刘艺、王珏、朱健、刘梦豪

《南沙青少年宫项目数字化工程实践》
刘艺、王珏、刘梦豪

《广州南沙青少年宫结构设计》
刘宜丰、陈远、邢银行、邓普天、李常虹、冯中伟、
潘大鹏

《剧场座椅下送风不同上座率的最优参数分析》
黄华明、聂贤

《岭南地区公共建筑灰空间与外环境的景观一体化实
践（以南沙区青少年宫项目为例）》
王锡桂、卢卓莹、欧志远

# INFORMATION
# OF THE PROJECT

附录二　项目信息

| 项目基本信息 | 项目名称 | 南沙青少年宫 |
| --- | --- | --- |
| | 建设单位 | 广州市南沙区建设中心（原广州南沙重点建设项目推进办公室） |
| | 建设地点 | 广州市南沙区明珠湾区起步区，凤凰大道西侧南沙体院馆片区 A1-12-01 地块 |

| 建筑设计概况 | 主要功能 | 机动车库、非机动车库、设备用房、商店、餐厅、人防（地下一层）；<br>展厅、书店、剧场、多功能厅（一层、二层）；<br>培训教室、排练厅、健身房、武术馆（三、四、五层） |
| --- | --- | --- |
| | 用地面积 | $30036m^2$ |
| | 基地面积 | $11788.47m^2$ |
| | 建筑密度 | 39.2% |
| | 建筑面积 | $56028.86m^2$（地上 $38588.07m^2$，架空 $2475.41m^2$，地下 $14965.38m^2$） |
| | 容积率 | 1.30 |
| | 绿地率 | 35% |
| | 建筑层数 | 地上 5 层，地下 1 层 |
| | 建筑高度 | 23.9m |
| | 工程设计等级 | 一级 |
| | 建筑使用年限 | 剧场 50~100 年，青少年宫 50 年 |
| | 耐火等级 | 地上二级，地下一级 |
| | 建筑类别 | 多层公共建筑 |
| | 机动车位数 | 313 个（地上 51 个，地下 262 个） |
| | 非机动车数 | 1172 个 |
| | 人防工程 | 战时二等人员掩蔽所，防护等级常 6 核 6 级 |

| 结构设计概况 | 地基基础类型 | 预应力管桩基础、钻孔灌注桩基础 |
| --- | --- | --- |
| | 地基基础设计等级 | 甲级 |
| | 结构类型 | 框架-剪力墙结构 |
| | 结构构件耐火等级 | 一级 |
| | 防水等级 | 底板和侧壁为二级，顶板为一级，防水混凝土抗渗等级为 P6 |
| | 抗震设防烈度 | 7 度（按 7 度计算地震作用，按 8 度采取抗震措施） |
| | 抗震等级 | 二级（跨度不小于 18m 的框架抗震等级为一级） |
| | 抗震设防类别 | 重点设防类（简称乙类）建筑 |
| | 结构设计使用年限 | 50 年 |
| | 结构安全等级 | 一级 |
| | 混凝土等级 | 墙柱等级使用 C40，梁板等级使用 C30 |
| | 钢筋等级 | 热轧钢筋 |
| | 钢结构材质 | 主要材质为 Q345B、Q420B |

| 机电设计概况 | 电气工程 | 10/0.4kV 变、配电系统，发电系统，电力系统，照明系统，防雷系统，接地及电气安全系统，电气火灾监控系统，消防设备电源监控系统，火灾自动报警及消防联动控制系统，公共广播兼紧急广播系统 |
| --- | --- | --- |
| | 给排水工程 | 生活给水系统，污水系统，废水系统，雨水回收系统，太阳能热水系统，雨水系统，冷却循环水补水系统 |
| | 通风与空调 | 空调系统，通风系统，防排烟系统，冷冻水系统，冷却水系统 |

| 设计团队 | 设计项目负责人 | 刘艺 |
|---|---|---|
| | 建设单位设计管理团队 | 陈荣毅，潘大鹏，宋光昕，马燕飞，曾政，陈清野，李旭颖，翟帅，崔麟，赖前程，周培远 |
| | 建筑设计 | 王珏，朱健，孙浩，黄平，王硕，刘梦豪，祁志谦，肖凌骁，赖纯翠，高明利，齐志博，戴朝卫，杨春达，倪晓娜，边巴次仁，方勇，温泊鸥，林书铖 |
| | 结构设计 | 刘宜丰，陈远，李常虹，冯中伟，邢银行，周厚玲，吴微钧，叶枫，陈伍莹，赵健，潘奕康，郑霖强，邓普天，车翔，何淑怡，梁联政，段志辉，杨焕豪 |
| | 给排水设计 | 石永涛，徐强，陈锦春，孙刚，黎浩伟，王凤，吴昌华 |
| | 电气设计 | 陈萍，李伟，刘敏，杜毅威，赵浩文，周莹，陈奕天，熊俊，廖嘉明，杜康，王凯琪，谢光泺，蔡亮，袁弘倩，姚匡宇 |
| | 暖通设计 | 蔡静，聂贤，杨玲，戎向阳，周锐，刘城旭，黄华明，杜康，王芬芬，侯宝生，孙乐祥，刘宏基，朱中杰，李林方 |
| | 弱电及智能化设计 | 唐伟，熊泽祝，补翔宇，熊俊，邓洪，吕大霖，陈萍，刘敏，杜毅威 |
| | 景观设计 | 成克辉，萧毅煜，王锡桂，何颖怡，黄志佳，郑洁，骆俊杰，古劲松，欧志远，卢卓莹，孙浩 |
| | 幕墙设计 | 董彪，殷兵利，张瑜，魏海龙，罗建成，罗光龙，杨洪智，陈恩莉 |
| | 建筑物理 | 高庆龙，杨正武，边巴次仁，于晓敏 |
| | 工程造价 | 史茜倩，孙静娟，张庆，王晓科，程伟杰 |
| | 项目管理 | 黄陆，张瀑，郑霖强，林书铖 |
| | 内装设计 | 成都万阖云天装饰设计有限公司 |
| | 舞台机械设备及舞美工艺设计 | 上海德己工程技术有限公司 |
| | 剧场装饰及声学顾问 | 广州恒一工程技术有限公司 |
| | BIM 建模及辅助优化设计 | 广州优比建筑咨询有限公司 |
| | 建筑摄影 | 九里建筑摄影 |
| 施工、勘察及监理 | 施工单位 | 中建三局集团有限公司 |
| | 勘察单位 | 广东省工程勘察院 |
| | 监理单位 | 广州建筑工程监理有限公司 |
| 咨询单位 | 设计咨询服务单位 | 北京市建筑设计研究院有限公司，广东舍卫工程技术咨询有限公司 |
| | 专项技术咨询服务单位（绿色建筑、低能耗建筑、智慧建筑） | 中国建筑科学研究院 |
| | 造价咨询服务单位 | 新誉时代工程咨询有限公司（原广州市新誉工程咨询有限公司） |

147

# TECHNICAL DRAWING

**附录三　设计图纸**

# 平面图

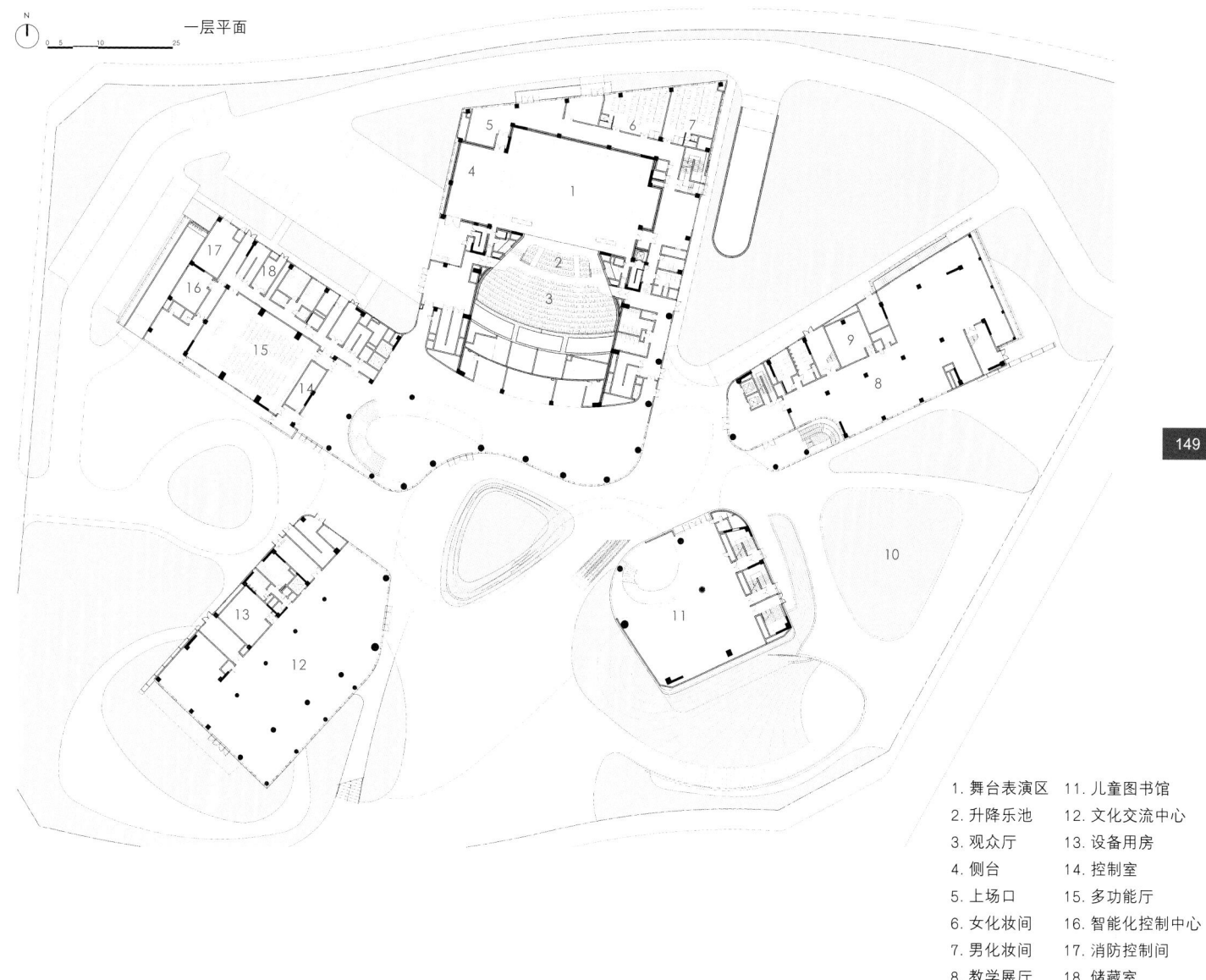

N

0 5 10 25

一层平面

1. 舞台表演区　　11. 儿童图书馆
2. 升降乐池　　　12. 文化交流中心
3. 观众厅　　　　13. 设备用房
4. 侧台　　　　　14. 控制室
5. 上场口　　　　15. 多功能厅
6. 女化妆间　　　16. 智能化控制中心
7. 男化妆间　　　17. 消防控制间
8. 教学展厅　　　18. 储藏室
9. 空调机房
10. 下沉庭院

二层平面

三层平面

0  5  10    25

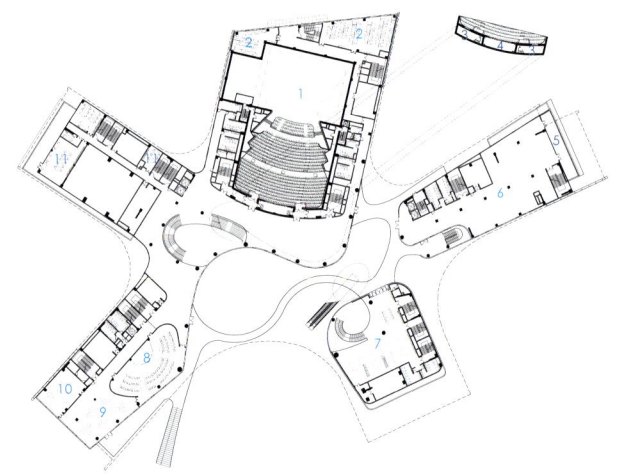

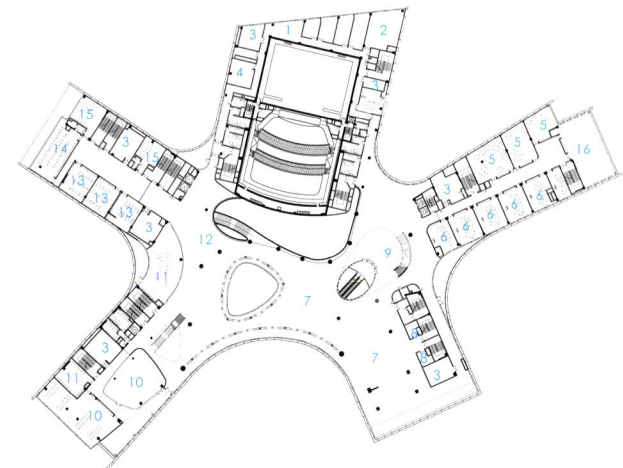

1. 海星剧场
2. 化妆室
3. 追光室
4. 声光控制室
5. 室外平台
6. 海洋科技文化体验区
7. 儿童图书馆
8. 演讲厅
9. 文化交流中心
10. 多功能厅
11. 办公

1. 休息室
2. 办公
3. 空调机房
4. 网络机房
5. 舞蹈教室
6. 声乐教室
7. 科技互动展厅
8. 库房
9. 问询台
10. 模型实验室
11. 航模活动
12. 文化展厅
13. 书法教室
14. 棋类教室
15. 美术教室
16. 多功能排演厅

四层平面

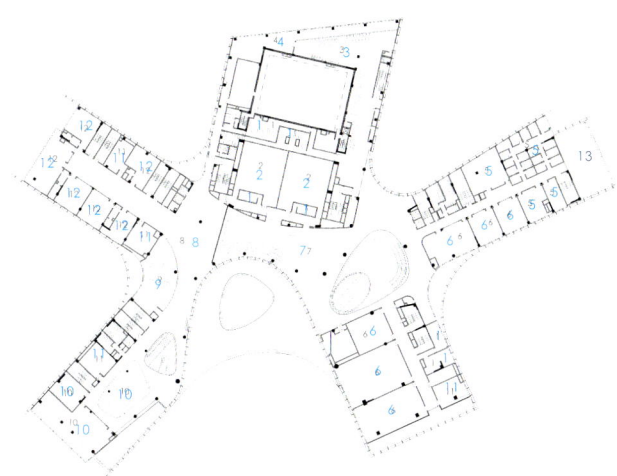

五层平面

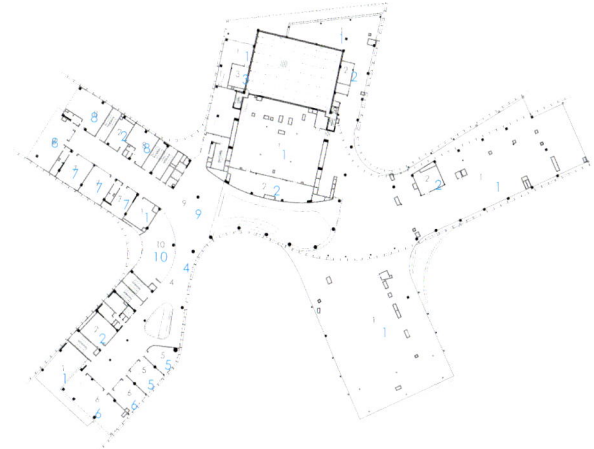

1. 更衣室

2. 武术馆

3. 健身房

4. 室外平台

5. 器乐教室

6. 舞蹈教室

7. 休息平台

8. 陶艺展厅

9. 陶艺教室

10. 互联网实验室

11. 空调机房

12. 美术工艺教室

13. 多功能排演厅上空

1. 屋顶平台

2. 空调机房

3. 热水机房

4. 科普展示厅

5. 机器人实验室

6. 青少年科技实验室

7. 书法教室

8. 美术教室

9. 文化展示厅

10. 科技创新教育实践室

## 剖面图

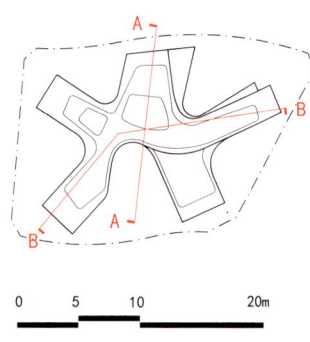

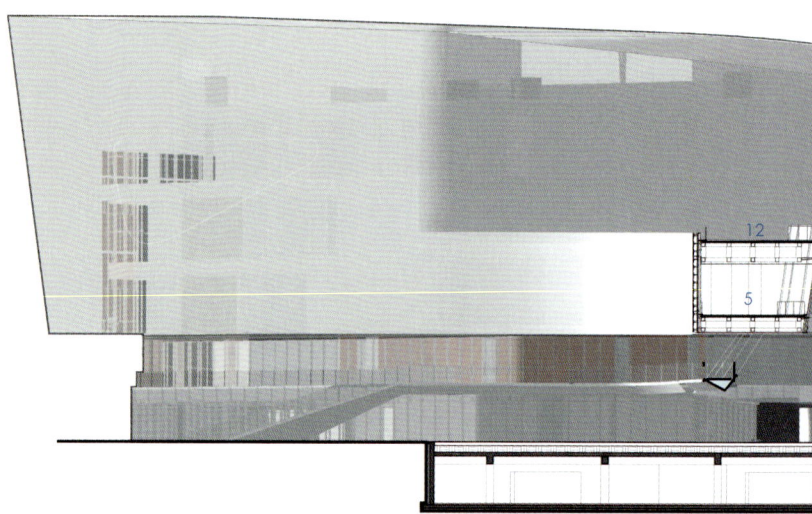

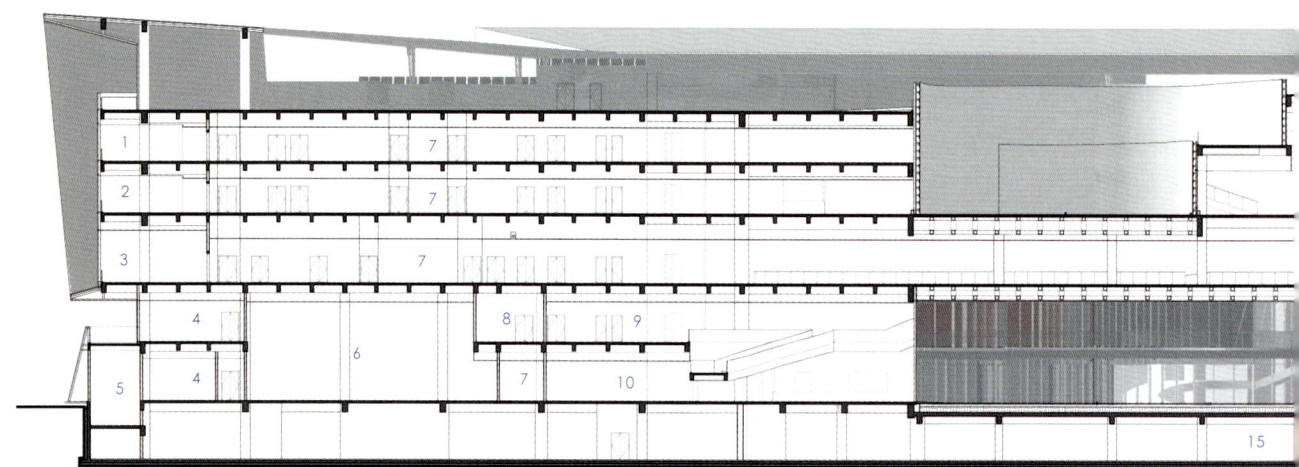

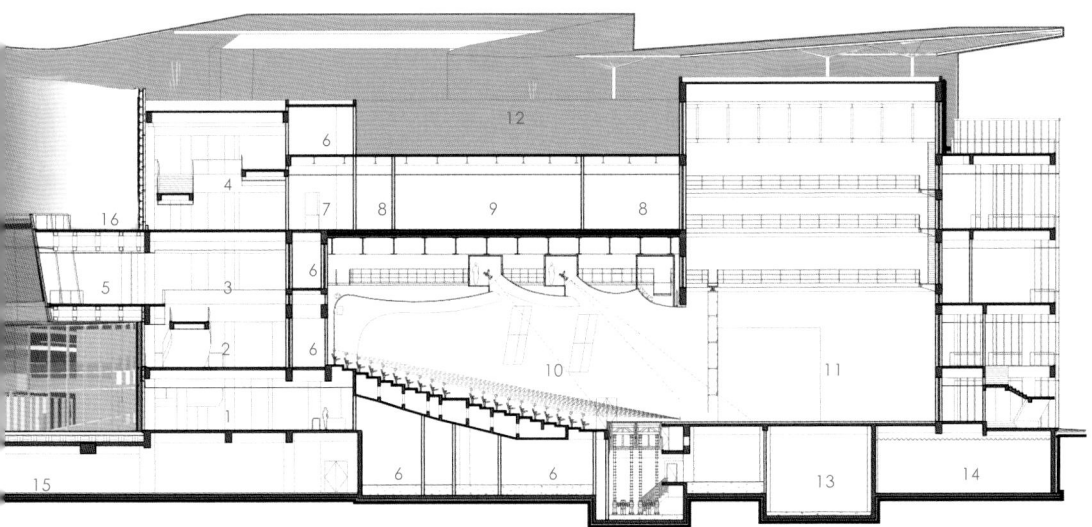

1. 门厅
2. 观众休息室
3. 文化互动展区
4. 陶艺展示区
5. 科技互动展厅
6. 设备间
7. 休息区
8. 更衣室
9. 武术馆
10. 观众席
11. 舞台
12. 屋顶平台
13. 消防水泵
14. 消防水池
15. 地下车库

A-A 剖面

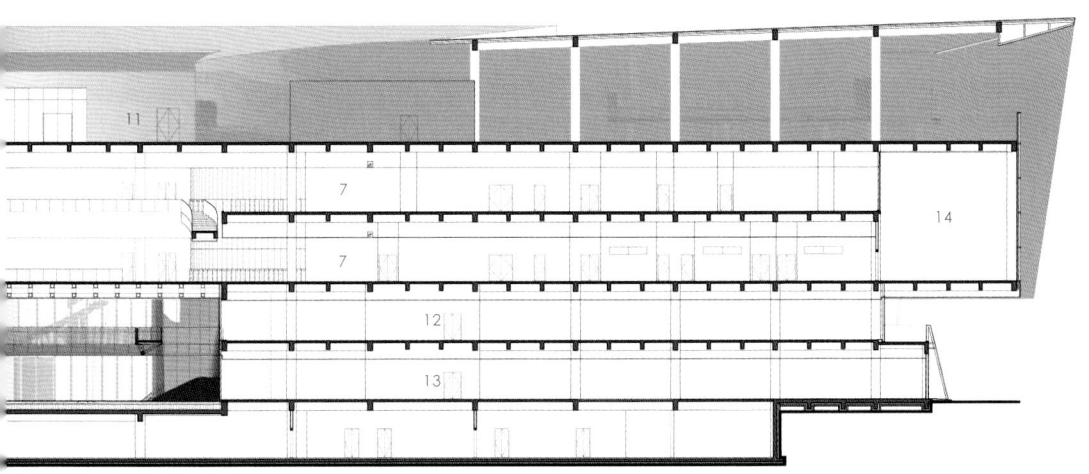

1. 青少年科技活动室
2. 互联网实验室
3. 模型实验室
4. 文化交流中心
5. 车道
6. 多功能厅
7. 走道
8. 设备间
9. 观众休息厅
10. 门厅
11. 屋顶平台
12. 海洋科技文化体验区
13. 教学展厅
14. 多功能排演厅上空
15. 地下车库

B-B 剖面

## 墙身节点

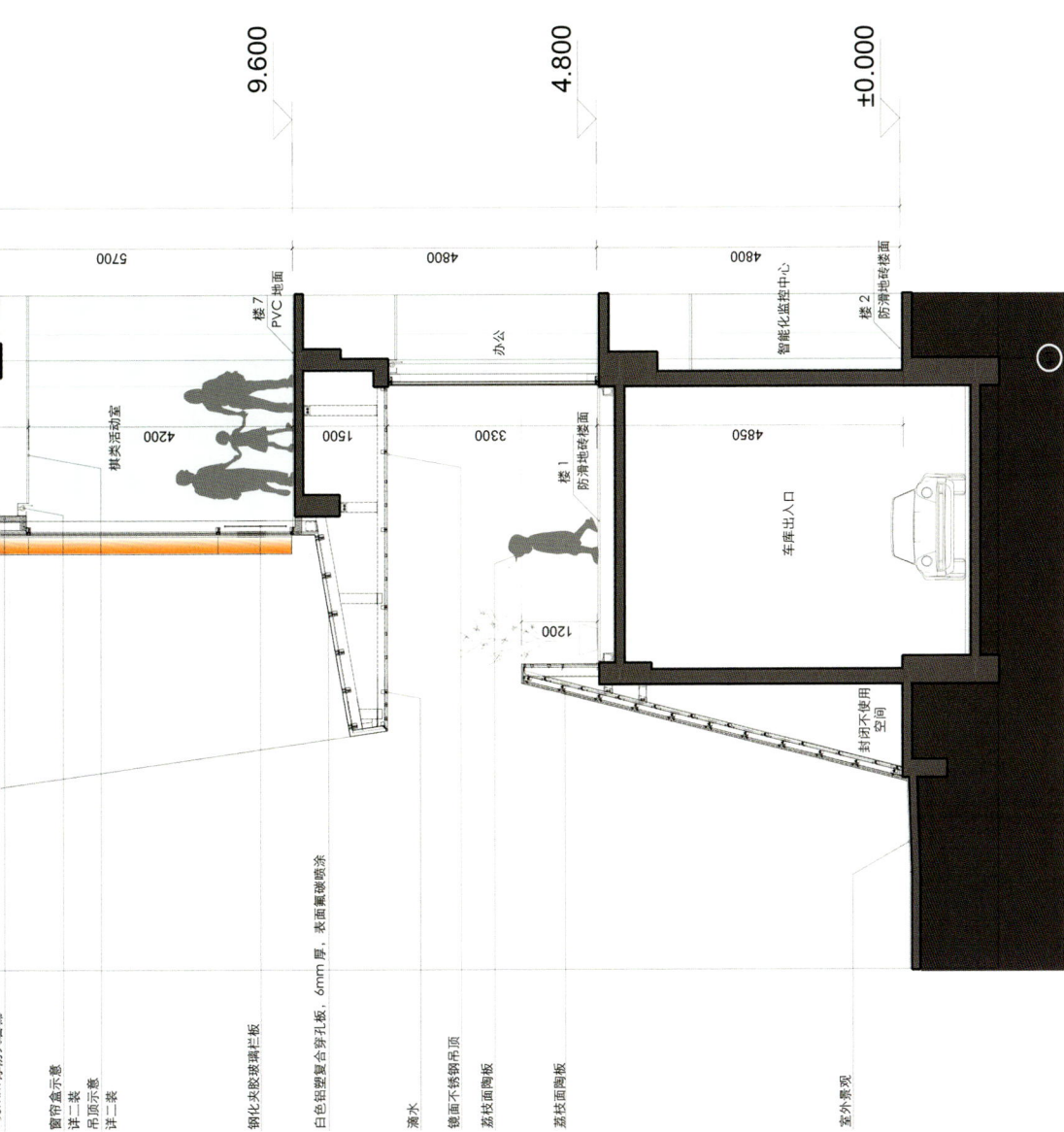

9.600

4.800

±0.000

5700

4800

4800

楼7
PVC地面

办公

智能化监控中心

楼2
防滑地砖楼面

棋类活动室
4200

1500

3300

4850

楼1
防滑地砖楼面

1200

车库出入口

封闭不使用空间

窗帘盒示意
详二装

吊顶示意
详二装

钢化夹胶玻璃栏板

白色铝塑复合穿孔板, 6mm厚, 表面氟碳喷涂

滴水

镜面不锈钢吊顶

荔枝面面陶板

荔枝面面陶板

室外景观

# 你在寻找的东西也在寻找你

广州南沙青少年宫设计团队是一支富有激情的队伍，从项目的完成度来看，我不免心生感动。从中我看到了团队的努力和不易、执着和坚定。这本册子呈现的是项目团队对项目的复盘与总结，更是作为激励团队设计人员在职业道路上不断进取的里程碑。

设计需要激情，更需要理性和脚踏实地的精益求精。设计团队以此精神用心处理建筑与环境、建筑与人及建筑之间的众多复杂关系，收获了可观的效果，体现了在职业道路上令人刮目相看的工匠执着。我在他们身上看到了这样的坚持："你正在寻找的东西也在寻找你。"金句诗人鲁米点出了执着追求完美的轮回之道，我深以为这正是设计团队在追求的。

在设计成果中我感受到年轻人思想的鲜活灵动、多样化的尝试，当然也有不成熟的偏颇、一不小心思维盲区的犯错……，但这都是事物共生的不同面相，希望每个读者都能在阅读中获得成长的共情，这是相互影响互助进步的一种路径，唤起激情与理性的一种方式。鼓励他们也就是鼓励你自己，对绝大多数人而言，经历过了才能真正体验执业过程中的万般滋味。

珍惜我们走过的每一步！

钱方
中国建筑西南设计研究院有限公司总建筑师
全国工程勘察设计大师
2021.7.19 于蓉乐高铁

**图书在版编目（CIP）数据**

广州南沙青少年宫设计 = CHILDREN'S PALACE DESIGN OF NANSHA GUANGZHOU / 中国建筑西南设计研究院有限公司主编 . –– 北京 : 中国建筑工业出版社 , 2022.5

ISBN 978-7-112-27248-8

Ⅰ . ①广… Ⅱ . ①中… Ⅲ . ①少年宫 – 建筑设计 – 广州 Ⅳ . ① TU244

中国版本图书馆 CIP 数据核字 (2022) 第 051623 号

责任编辑：张　明　徐晓飞
责任校对：张惠雯

**广州南沙青少年宫设计**
CHILDREN'S PALACE DESIGN OF NANSHA GUANGZHOU

中国建筑西南设计研究院有限公司　主编
\*
中国建筑工业出版社出版、发行（北京海淀三里河路 9 号）
各地新华书店、建筑书店经销
北京雅昌艺术印刷有限公司制版
北京雅昌艺术印刷有限公司印刷
\*
开本：889 毫米 ×1194 毫米　1/20　印张：8　插页：1　字数：160 千字
2022 年 6 月第一版　2022 年 6 月第一次印刷
定价：150.00 元
ISBN 978-7-112-27248-8

（38994）